全国机械行业高等职业教育"十二五"规划教材

高等职业教育教学改革精品教材

模拟电子技术项目教程

主　编　贺力克

副主编　阳若宁　李　佳

参　编　陈永革　林志程

主　审　邱丽芳

机械工业出版社

本书是根据国家示范性高职院校的课程建设要求，按照项目引导、任务驱动和教学做一体化的原则进行编写的。

本书以项目为单元，以应用为主线，将理论知识融入到实践项目中。全书有四个项目，包括扬声器的制作与调试、直流稳压电源的制作与调试、函数信号发生器的制作与调试和电子设计软件 EWB 的应用，全书涵盖了模拟电子技术的所有知识点和电子设计软件 EWB 的应用。通过项目任务的练习，可提高学生对模拟电子技术的理解，使之能综合运用所学知识完成小型模拟电子电路的制作与调试的全过程，包括查阅资料、识读电路原理图和印制电路板图、选择元器件参数、安装与调试电路以及使用相关仪器进行指标测试和编写实训报告。

本书可作为高职高专和各类成人教育电类专业的"模拟电子技术基础"、"电子技术基础（模拟部分）"课程的教材，也可供从事电子技术方面的工程技术人员参考。

本教材配有电子教案，凡使用本书作为教材的教师可登录机械工业出版社教材服务网 www.cmpedu.com 下载。咨询邮箱：cmpgaozhi@sina.com。咨询电话：010-88379375。

图书在版编目（CIP）数据

模拟电子技术项目教程/贺力克主编. —北京：机械工业出版社，2011.8
全国机械行业高等职业教育"十二五"规划教材. 高等职业教育教学改革精品教材
ISBN 978-7-111-35700-1

Ⅰ.①模… Ⅱ.①贺… Ⅲ.①模拟电路—电子技术—高等职业教育—教材 Ⅳ.①TN710

中国版本图书馆 CIP 数据核字（2011）第 172581 号

机械工业出版社（北京市百万庄大街 22 号 邮政编码 100037）
策划编辑：边 萌 责任编辑：崔占军 边 萌
版式设计：霍永明 责任校对：陈延翔
封面设计：鞠 杨 责任印制：李 研
中国农业出版社印刷厂印刷
2012 年 1 月第 1 版第 1 次印刷
184mm×260mm·14 印张·342 千字
0 001—3 000 册
标准书号：ISBN 978-7-111-35700-1
定价：28.00 元

前　言

本书是根据国家示范性高职院校的课程建设要求，以实用的模拟电子产品为载体，以工作过程为导向，以任务驱动为主要教学方法而编写的。教材内容有：扬声器的制作与调试，直流稳压电源的制作与调试，函数信号发生器的制作与调试和电子设计软件 EWB 的应用。书中内容完全按照项目式教学法编排，以"够用、适度"为原则，将课程知识点融入于四个项目中，每个项目创设几个学习情境，每个学习情境又分为几个任务，在每一个任务中又分别通过"看一看"、"学一学"、"练一练"、"做一做"、"写一写"等模块，循序渐进地引导学生进入各个学习环节，让学生感觉到学习的乐趣，增强学习的目标性和趣味性。

本书将项目课程的特色贯穿始终，注重项目设置的实用性、可行性和科学性，让抽象的电子理论与形象、直观、有趣的实践相结合，充分调动学生学习的积极性和主动性，让学生在做中学和学中做，教学做合一。通过项目的制作、调试和故障排除等，让学生自主查阅资料、识读电路原理图和印制电路板图、选择元器件参数、安装与调试电路，以完成小型模拟电子电路的制作与调试，并使用相关仪器进行指标测试，最后编写实训报告。此外利用 EWB 软件的元器件库、电路编辑器、测试仪器等，使学生能随心所欲地构造电路，虚拟仿真和演示电路的工作原理和动态工作过程。本书内容可加深和巩固学生对模拟电子技术各知识点的理解，同时提高学生综合运用所学知识、将理论与实际相结合的能力，使学生学完本书后能获得作为高素质技能型专门人才所必须掌握的"模拟电子技术"的基本知识和实际技能，为后续课程的学习和应用打下坚实的基础。

本书建议教学学时为 120 学时。每个项目的时间安排可根据项目内容而定，设计与制作时建议四节课连上。教学项目评价以形成性考核为主，考查学生在项目任务中表现出来的能力，重在考察运用知识解决实际问题的能力。学生考核成绩采取项目评价与总体评价相结合，理论知识考核与实践操作考核相结合的形式，注重动手实践能力。

本书由湖南工业职业技术学院贺力克任主编，湖南网络工程职业学院阳若宁和湖南工业职业技术学院李佳任副主编。项目 1 由贺力克和李佳编写，项目 2 由贺力克编写，项目 3 由湖南网络工程职业学院阳若宁和林志程编写，拓展项目由湖南工业职业技术学院陈永革编写。全书由湖南工业职业技术学院邱丽芳教授主审。在本书编写过程中，参阅了大量的同类教材，部分资料和图片来自于互联网，在这里一并表示感谢！

　　本书可作为高等职业院校、高等专科学校、成人高等学校以及本科院校举办的二级职业技术学院和民办高等学校的电气、电子、通信、计算机、自动化和机电等类专业的"模拟电子技术基础"、"电子技术基础（模拟部分）"课程的教材，也可供从事电子技术方面的工程技术人员参考。

　　由于编者水平有限，书中难免存在错误或不妥之处，敬请广大读者批评指正（编者邮箱：HLK6666@126.com）。

编　者

目　　录

项目1　扬声器的制作与调试

　　本项目学习载体是扬声器的制作与调试。本项目包含三个学习情境：认识基本放大电路，反馈与振荡，功率放大电路，以及一个拓展学习情境：场效应晶体管。在本项目中将学习扬声器原理的基本知识点。这四个学习情境在电子技术实训室进行，扬声器的制作与调试在仿真工厂的生产环境中进行。学生完成本项目的学习后，将学会对扬声器进行整机装配、整机调试及检修。

 学习目标

- ➢ 了解二极管、晶体管的基本知识。
- ➢ 会测量、选用二极管和晶体管。
- ➢ 理解共发射极放大电路、共集电极放大电路、共基极放大电路和多级放大电路的组成及工作原理。
- ➢ 了解场效应晶体管及其放大电路。
- ➢ 理解负反馈放大电路、振荡电路和功率放大电路的组成及工作原理。
- ➢ 会用仪器、仪表调试、测量各类放大电路。
- ➢ 理解放大电路的分析方法、特点和应用场合。
- ➢ 会制作和调试低频功率放大电路、扬声器放大电路。
- ➢ 能排除低频功率放大电路、扬声器放大电路中的常见故障。

 工作任务

- ➢ 用万用表检测二极管、晶体管。
- ➢ 制作共发射极电路和共集电极电路、负反馈放大电路、功率放大电路。
- ➢ 选择仪器仪表，正确测试各类放大电路的各项参数并分析。
- ➢ 制作和调试低频功率放大电路、扬声器放大电路。
- ➢ 排除低频功率放大电路、扬声器放大电路中的常见故障。

学习情境 1　认识基本放大电路

任务 1　认识二极管和晶体管

◆　**问题引入**

当我们打开扬声器、收音机、电视机、音响设备等电器的后盖，就会看到各种各样的电子元器件安装在电路板上，它们如同家庭里的各个成员一样，都在各司其职地工作着。这些元器件的质量直接影响着电器产品的正常运行。学会这些元器件的选择、检测及质量判别是电类专业工作人员及电子爱好者必备的基本技能。

 **看一看——扬声器**

扬声器如图 1-1 所示。

电子电路中主要包括以下元器件：电阻器、电容器、电感器，还有二极管、晶体管等。在电工学中我们已学会了万用表的使用，以及电阻器、电容器和电感器的选择，在此主要介绍二极管和晶体管的相关知识。

◆　**任务描述**

看一看——认识二极管

（1）二极管实物及图形符号分别如图 1-2、图 1-3 所示。

a)　　　　　　　　　　　　　b)

c)

图 1-1　扬声器

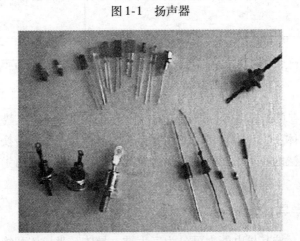

图 1-2　常用二极管实物图

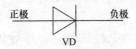

图 1-3　二极管符号

（2）二极管实物外形正负电极的识别如图1-4所示。

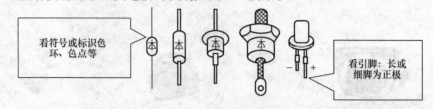

图1-4 二极管外形识别

（3）二极管导电性实验如图1-5所示。通过实验可观察二极管的导电特性。

a) 原理图 b) 二极管接正向电压时实物示意图 c) 二极管接反向电压时实物示意图

图1-5 二极管导电性实验

对比二极管正、反两次连接时灯泡的变化情况。若灯泡亮，则说明电流由电源正极经二极管、灯泡流回电源负极，形成回路。此时与电源正极连接的就是二极管正极，与电源负极连接的就是二极管负极，二极管加上了正向电压，称为正向偏置（简称正偏）。此时二极管的正向电阻很小，相当于开关闭合，如图1-6a所示。若灯泡不亮，则说明二极管两端加了反向电压，称为反向偏置（简称反偏），此时反向电阻很大，二极管相当于开关断开，如图1-6b所示。

a) 相当于开关闭合 b) 相当于开关断开

图1-6 二极管的开关作用

结论：二极管具有单向导电性，即加正向电压导通，加反向电压截止。

半导体器件具有体积小、重量轻、使用寿命长、输入功率小和转换效率高等优点，在现代电子技术中得到广泛的应用。二极管是最简单的半导体器件，它由半导体材料制成，其主要特性是单向导电性。下面介绍半导体常识。

学一学——半导体常识

自然界中的物质，按其导电能力可分为三大类：导体、半导体和绝缘体。导电能力介于导体和绝缘体之间的物质称为半导体，其主要制造材料是硅（Si）、锗（Ge）或砷化镓（GaAs）等。

半导体具有热敏性、光敏性和掺杂性的特点。半导体受光照和热激发便能增强导电能力；掺入微量的三价或五价元素（杂质）能显著增强导电能力。

1. 本征半导体

完全纯净的、结构完整的半导体材料称为本征半导体。纯净的硅和锗都是四价元素，其原子核最外层电子数为 4 个（价电子）。在单结晶结构中，由于原子排列的有序性，价电子为相邻的原子所共有，形成如图 1-7 所示的共价键结构。

（1）本征半导体的原子结构及共价键 共价键内的两个电子由相邻的原子各用一个价电子组成，称为束缚电子。

（2）本征激发和两种载流子——自由电子和空穴 在室温和光照下，少数价电子获得足够的能量摆脱共价键的束缚成为自由电子。束缚电子脱离共价键成为自由电子后，在原来的位置留出一个空位，称为空穴。温度升高，半导体材料中产生的自由电子便增多。本征半导体中，自由电子和空穴成对出现，数目相同。图 1-8 所示为本征激发所产生的电子空穴对。

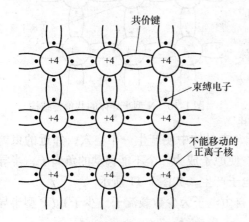

图 1-7 硅和锗的原子结构和共价键结构

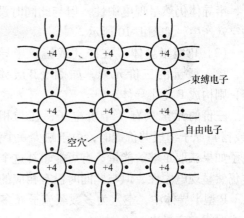

图 1-8 本征激发产生电子空穴对

如图 1-9 所示，空穴（如图中位置 1）出现以后，邻近的束缚电子（如图中位置 2）可能获取足够的能量来填补这个空穴，而在这个束缚电子的位置又出现一个新的空穴，另一个束缚电子（如图中位置 3）又会填补这个新的空穴，这样就形成束缚电子填补空穴的运动。为了区别自由电子的运动，称此空穴位置的变化为空穴运动。

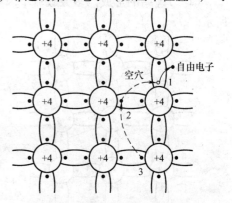

图 1-9 束缚电子填补空穴的运动

（3）结论

1）半导体中存在两种载流子，一种是带负电的自由电子，另一种是带正电的空穴，它们都可以运载电荷形成电流。

2）本征半导体中，自由电子和空穴相伴产生，数目相同。

3）一定温度下，本征半导体中电子空穴对的产生与复合相对平衡，电子空穴对的数目相对稳定。

4）温度升高，激发的电子空穴对数目增加，半导体的导电能力增强。

空穴的出现是半导体导电区别导体导电的一个主要特征。

2. 杂质半导体

在本征半导体中加入微量杂质，可使其导电性能显著改变。根据掺入杂质的性质不同，杂质半导体分为两类：电子型（N型）半导体和空穴型（P型）半导体。

（1）N型半导体　在硅（或锗）半导体晶体中，掺入微量的五价元素，如磷（P）、砷（As）等，则构成N型半导体。

五价的元素具有5个价电子，它们进入由硅（或锗）组成的半导体晶体中，五价的原子取代四价的硅（或锗）原子，在与相邻的硅（或锗）原子组成共价键时，因为多出的一个价电子不受共价键的束缚，很容易成为自由电子，于是半导体中自由电子的数目大量增加。自由电子参与导电后，在原来的位置留下一个不能移动的正离子，半导体仍然呈现电中性，但与此同时没有相应的空穴产生，如图1-10所示。

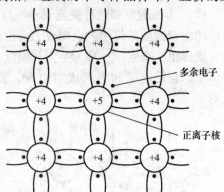

图1-10　N型半导体的共价键结构

（2）P型半导体　在硅（或锗）半导体晶体中，掺入微量的三价元素，如硼（B）、铟（In）等，则构成P型半导体。

三价的元素只有3个价电子，在与相邻的硅（或锗）原子组成共价键时，由于缺少一个价电子，在晶体中便产生一个空穴，邻近的束缚电子如果获取足够的能量，有可能填补这个空穴，使原子成为一个不能移动的负离子，半导体仍然呈现电中性，但与此同时没有相应的自由电子产生，如图1-11所示。

P型半导体中，空穴为多数载流子（多子），自由电子为少数载流子（少子）。P型半导体主要靠空穴导电。

3. PN结及其单向导电性

（1）PN结的形成　多数载流子因浓度上的差异而形成的运动称为扩散运动，如图1-12所示。

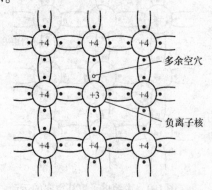

图1-11　P型半导体的共价键结构

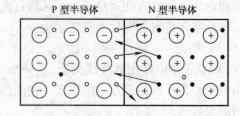

图1-12　P型和N型半导体交界处载流子的扩散

由于空穴和自由电子均是带电的粒子，所以扩散的结果使P区和N区原来的电中性被破坏，在交界面的两侧形成一个不能移动的带异性电荷的离子层，称为空间电荷区，即PN结，如图1-13所示。

在空间电荷区，多数载流子已经扩散到对方并复合掉了，或者说消耗尽了，因此又称空间电荷区为耗尽层。

空间电荷区出现后，因为正负电荷的作用，将产生一个从 N 区指向 P 区的内电场。内电场的方向，会对多数载流子的扩散运动起阻碍作用。同时，内电场可推动少数载流子（P 区的自由电子和 N 区的空穴）越过空间电荷区，进入对方。少数载流子在内电场作用下有规则的运动称为漂移运动。漂移运动和扩散运动的方向相反。无外加电场时，通过 PN 结的扩散电流等于漂移电流，PN 结中无电流流过，PN 结的宽度保持一定而处于稳定状态。

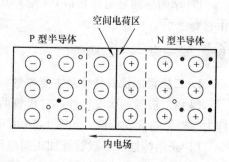

图 1-13 PN 结的形成

（2）PN 结的单向导电性 如果在 PN 结两端加上不同极性的电压，PN 结会呈现出不同的导电性能。

1）PN 结外加正向电压 在 PN 结的 P 端接高电位，N 端接低电位，称 PN 结外加正向电压，又称 PN 结正向偏置，简称为正偏，如图 1-14 所示。外加电场与 PN 结形成的内电场方向相反，P 区的多子空穴（相当于正电荷）顺着外电场方向往中间运动，与 PN 结空间电荷区的负离子复合；N 区的自由电子（多子且为负电荷），逆着外电场方向也向中间靠拢，与 PN 结中的正离子复合，形成电中和，使得内电场的正负离子数都减少，耗尽层变窄，内电场被削弱。但空穴与正离子、电子与负离子均相互排斥，复合后剩下的正负离子数达到最少数量时，PN 结停止变窄，内电场达到最弱程度，形成导通压降（很小）；多子在外电场作用下与空间电荷区的离子电中和产生的定向扩散运动，形成导通电流，导通方向就是多子空穴的运动方向。

2）PN 结外加反向电压 在 PN 结的 P 端接低电位，N 端接高电位，称 PN 结外加反向电压，又称 PN 结反向偏置，简称为反偏，如图 1-15 所示。外加电场与 PN 结形成的内电场方向相同，P 区的多子空穴（相当于正电荷）顺着外电场方向向 P 区运动，使负离子数量增多，靠近 PN 结空间电荷区的电中和被破坏；N 区的自由电子（多子且为负电荷），逆着外电场方向向 N 区运动，使正离子数量增多，这样就使得内电场的正负离子数都增多，耗尽层变宽加厚，内电场被加强。但空穴与电子不能完全复合，正负离子数达到最多数量时，PN 结停止变宽，内电场达到最强程度，形成反向饱和压降（很大）。多子在外电场作用下的定向扩散运动受阻，少子的漂移运动形成极小的反向电流，几乎不能算作导通，称为截止状态。反向饱和电流方向由 N 区指向 P 区。

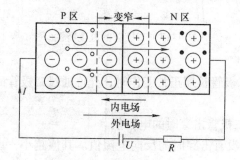

图 1-14 PN 结外加正向电压

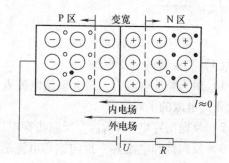

图 1-15 PN 结外加反向电压

PN 结的单向导电性是指 PN 结外加正向电压时处于导通状态，外加反向电压时处于截止状态。

❓ 学一学——二极管

1. 二极管的伏安特性及主要参数

（1）二极管的伏安特性　二极管两端的电压 U 及流过二极管的电流 I 之间的关系曲线，称为二极管的伏安特性，如图 1-16 所示。

1）正向特性　二极管外加正向电压时，电流和电压的关系称为二极管的正向特性。由图 1-16 可见，当二极管所加正向电压比较小时（$0 < U < U_{(TO)}$），二极管上流经的电流为 0，管子仍截止，此区域称为死区，$U_{(TO)}$ 称为死区电压（门槛电压）。硅二极管的死区电压约为 0.5V，锗二极管的死区电压约为 0.1V。

2）反向特性　二极管外加反向电压时，电流和电压的关系称为二极管的反向特性。由图 1-16 可见，在常温下，二极管外加反向电压时，反向电流很小（$I \approx -I_R$），而且在相当宽的反向电压范围内，反向电流几乎不变，因此，称此电流为二极管的反向饱和电流。

3）反向击穿特性　由图 1-16 可见，当反向电压的值增大到 $U_{(BR)}$ 时，反向电压值稍有增大，反向电流会急剧增大，称此现象为反向击穿，$U_{(BR)}$ 为反向击穿电压。利用二极管的反向击穿特性，可以做成电压调整二极管（稳压二极管），但一般的二极管不允许工作在反向击穿区。

（2）二极管的温度特性　二极管是对温度非常敏感的器件。实验表明，随温度升高，二极管的正向压降会减小，正向伏安特性左移，即二极管的正向压降具有负的温度系数（约为 $-2\text{mV}/\text{℃}$）；温度升高，反向饱和电流会增大，反向伏安特性下移，温度每升高 10℃，反向电流大约增加一倍。图 1-17 所示为温度对二极管伏安特性的影响。

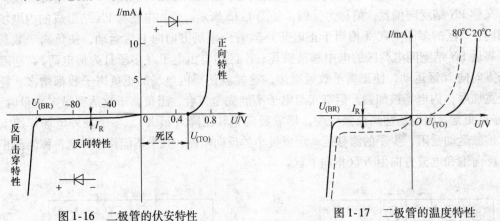

图 1-16　二极管的伏安特性　　　　图 1-17　二极管的温度特性

（3）二极管的主要参数

1）最大整流电流 I_F　最大整流电流 I_F 是指二极管长期正常工作时，允许通过二极管的最大正向电流的平均值。

2）反向击穿电压 $U_{(BR)}$　反向击穿电压是指二极管击穿时的电压值。

3）反向饱和电流 I_R　反向饱和电流是指管子没有击穿时的反向电流值。其值越小，说明二极管的单向导电性越好。

2. 特殊二极管

（1）稳压管　稳压管是一种用特殊工艺制作的面接触型硅半导体二极管，这种管子的杂质浓度比较大，容易发生击穿，其击穿时的电压基本上不随电流的变化而变化，从而达到稳压的目的。稳压管工作于反向击穿区。

1）稳压管的伏安特性和符号　图1-18所示为稳压管的伏安特性和符号。

2）稳压管的主要参数

① 稳定电压 U_Z　它是指当稳压管中的电流为规定值时，稳压管在其两端产生的稳定电压值。

② 稳定电流 I_Z　它是指稳压管工作在稳压状态时，稳压管中流过的电流，有最小稳定电流 I_{Zmin} 和最大稳定电流 I_{Zmax} 之分。

③ 耗散功率 P_M　它是指稳压管正常工作时，管子上允许的最大耗散功率。

3）应用稳压管应注意的问题

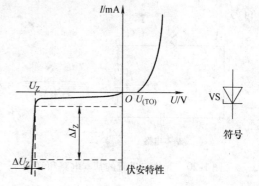

图1-18　稳压二极管的伏安特性和符号

① 稳压管稳压时，一定要外加反向电压，保证管子工作在反向击穿区。当外加的反向电压值大于或等于 U_Z 时，才能起到稳压作用；若外加的电压值小于 U_Z，稳压二极管相当于普通的二极管。

② 在稳压管稳压电路中，一定要配合限流电阻的使用，保证稳压管中流过的电流在规定的范围之内。

（2）发光二极管　发光二极管是一种光发射器件，英文缩写是 LED。此类管子通常由镓（Ga）、砷（As）、磷（P）等元素的化合物制成。当管子正向导通，且导通电流足够大时，能把电能直接转换为光能，发出光来。目前发光二极管的颜色有红、黄、橙、绿、白和蓝六种，所发光的颜色主要取决于制作管子的材料，例如用砷化镓发出红光，而用磷化镓则发出绿光。其中白色发光二极管是新型产品，主要应用在手机背光、液晶显示器背光、照明等领域。

发光二极管工作时导通电压比普通二极管大，其工作电压随材料的不同而不同，一般为 $1.7 \sim 2.4V$。普通绿、黄、红、橙色发光二极管工作电压约为2V；白色发光二极管的工作电压通常高于 $2.4V$；蓝色发光二极管的工作电压一般高于 $3.3V$。发光二极管的工作电流一般在 $2 \sim 25mA$。

发光二极管应用非常广泛，常用作各种电子设备如仪器仪表、计算机、电视机等的电源指示灯和信号指示等，还可以做成七段数码显示器等。

普通发光二极管的符号和外形如图1-19所示。

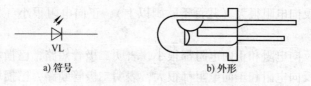

a) 符号　　　　　　　b) 外形

图1-19　发光二极管的符号和外形

（3）光敏二极管　光敏二极管又称为光电二极管，它是一种光接受器件，其 PN 结工作在反偏状态，可以将光能转换为电能，实现光电转换。图 1-20 所示为光敏二极管的基本电路和符号。

（4）变容二极管　变容二极管是利用 PN 结的电容效应进行工作的，它工作在反向偏置状态，当外加的反偏电压变化时，其电容量也随着改变。图 1-21 所示为变容二极管的符号。

图 1-20　光敏二极管的基本电路和符号　　　　　　图 1-21　变容二极管的符号

（5）激光二极管　激光二极管是在发光二极管的 PN 结间安置一层具有光活性的半导体，构成一个光谐振腔，工作时接正向电压，可发射出激光。

激光二极管的应用非常广泛，在计算机的光盘驱动器、激光打印机中的打印头、激光唱机、激光影碟机中都有激光二极管。

 练一练——二极管的测试

1. 二极管极性的判定

将红、黑表笔分别接二极管的两个电极，若测得的电阻值很小（几千欧姆以下），则黑表笔所接电极为二极管的正极，红表笔所接电极为二极管的负极；若测得的阻值很大（几百千欧姆以上），则黑表笔所接电极为二极管的负极，红表笔所接电极为二极管的正极，如图 1-22 所示。

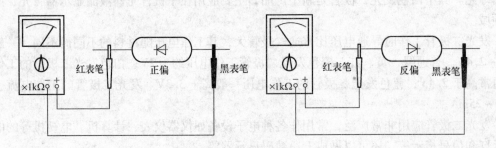

图 1-22　二极管极性的测试

2. 二极管好坏的判定

（1）若测得的反向电阻很大（几百千欧姆以上），正向电阻很小（几千欧姆以下），表明二极管性能良好。

（2）若测得的反向电阻和正向电阻都很小，表明二极管短路，已损坏。

（3）若测得的反向电阻和正向电阻都很大，表明二极管断路，已损坏。

二极管质量的简易判断见表 1-1。

表 1-1　二极管质量的简易判断

正 向 电 阻	反 向 电 阻	二极管状况
较小（几千欧姆以下）	较大（几百千欧姆以上）	质量好
0	0	短路
∞	∞	开路
正向电阻、反向电阻比较接近		质量不佳

3. 检测

准备以下型号二极管共 5 只，将检测结果填入表 1-2 中。

表 1-2　检测结果

编 号	型 号	正 向 电 阻		反 向 电 阻		二极管质量	
		挡位	阻值	挡位	阻值	好	坏
1	2AP9						
2	2CW104						
3	2CZ11						
4	1N4148						
5	1N4007						

看一看——认识晶体管外形、分类与电路符号

常见晶体管如图 1-23 所示。表 1-3 所列为晶体管的分类。

图 1-23　几种常见晶体管外形

表 1-3　晶体管的分类

分 类 方 法	种　类	
按功率分类	小功率晶体管（耗散功率小于 1W）	大功率晶体管（耗散功率不低于 1W）
按用途分类	放大管	开关管
按工作频率分类	低频率（工作频率在 3MHz 以下）	高频率（工作频率不低于 3MHz）
按结构工艺分类	合金管	平面管
按内部基本结构分类	NPN 型	PNP 型
按管芯所用半导体材料分类	硅管	锗管

晶体管的文字符号为"VT"，内部结构及图形符号如图 1-24 所示。它是通过一定的制作工艺，将两个 PN 结结合在一起的器件，两个 PN 结相互作用，使晶体管成为一个具有控制电流作用的半导体器件。晶体管可以用来放大微弱的信号和作为无触点开关。

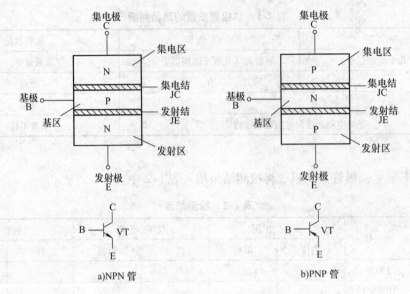

图 1-24　晶体管内部结构及图形符号

从结构上看它有三个极、三个区、两个结。其中基区很薄，发射区杂质浓度远远大于集电区和基区，集电结的面积大于发射结的面积。图形符号中发射极的箭头方向就是发射极实际电流的方向。

目前国产晶体管中硅管多为 NPN 型，锗管多为 PNP 型。硅管受温度影响小、工作稳定，在自动控制设备中常见硅管。在封装外形上，小、中功率晶体管多采用塑料封装，大功率晶体管多采用金属封装。

学一学——晶体管的放大作用、特性曲线及主要参数

1. 晶体管的电流放大作用

（1）连接电路　按图 1-25a 所示连接电路，实物图如图 1-25b 所示。

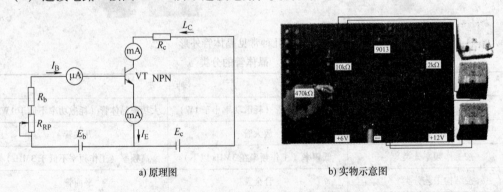

a) 原理图　　　　　　　　　　b) 实物示意图

图 1-25　晶体管电流放大作用演示实验

在电路中，要给晶体管的发射结加正向电压，集电结加反向电压，这是保证晶体管能起到放大作用的外部条件。

（2）测试　调节电位器 R_P 可改变基极电流 I_B，用电流表可测得相应的 I_C、I_E 的数值，测得的数据见表 1-4。

表1-4　晶体管各极电流

$I_B/\mu A$	0	20	40	60	80	100
I_C/mA	0.005	0.99	2.08	3.17	4.26	5.40
I_E/mA	0.005	1.01	2.12	3.23	4.34	5.50

（3）实验数据分析　根据分析可以得出如下结果。

1）每列数据均满足关系

$$I_E = I_C + I_B$$

此结果符合基尔霍夫电流定律。

2）每一列数据都有 I_C 正比于 I_B，而且有 I_C 与 I_B 的比值近似相等，大约等于50。于是，定义直流电流放大系数

$$\overline{\beta} = I_C/I_B \approx 50$$

3）对表1-4中任两列数据求 I_C 和 I_E 变化量的比值，结果仍然近似相等，约等于50。又定义交流电流放大系数

$$\beta = \Delta I_C/\Delta I_B \approx \overline{\beta} = I_C/I_B \approx 50$$

4）从表1-4中可知，当 $I_B = 0$（基极开路）时，集电极电流的值很小，称此电流为晶体管的穿透电流 I_{CEO}。穿透电流 I_{CEO} 越小越好。

（4）结论

1）晶体管的电流放大作用，实质上是用较小的基极电流信号控制较大的集电极电流信号，是"以小控大"的作用。

2）晶体管放大作用的实现需要一定的外部条件，即必须保证发射结加正向偏置电压，集电结加反向偏置电压。

2. 晶体管的特性曲线

晶体管的特性曲线是指晶体管的各电极电压与电流之间的关系曲线，它反映出晶体管的特性。它可以用专用的图示仪进行显示，也可通过实验测量得到。以 NPN 型硅晶体管为例，其常用的特性曲线有以下两种。

（1）输入特性曲线　它是指一定集电极和发射极电压 U_{CE} 下，晶体管的基极电流 I_B 与发射结电压 U_{BE} 之间的关系曲线。实验测得晶体管的输入特性曲线如图1-26a 所示。

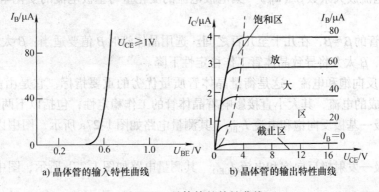

a) 晶体管的输入特性曲线　　b) 晶体管的输出特性曲线

图1-26　晶体管的特性曲线

（2）输出特性曲线　它是指一定基极电流 I_B 下，晶体管的集电极电流 I_C 与集电结电压

U_{CE} 之间的关系曲线。实验测得晶体管的输出特性曲线如图 1-26b 所示。

一般把晶体管的输出特性分为三个工作区域，下面分别介绍。

1) 截止区　晶体管工作在截止状态时，具有以下几个特点：

① 发射结和集电结均反向偏置。

② 若不计穿透电流 I_{CEO}，I_B、I_C 近似为 0。

③ 晶体管的集电极和发射极之间电阻很大，晶体管相当于一个开关断开。

2) 放大区　图 1-26b 中，输出特性曲线近似平坦的区域称为放大区。晶体管工作在放大状态时，具有以下特点：

① 晶体管的发射结正向偏置，集电结反向偏置。

② 基极电流 I_B 微小的变化会引起集电极电流 I_C 较大的变化，有电流关系式 $I_C = \beta I_B$；

③ 对 NPN 型的晶体管，其电位关系为 $U_C > U_B > U_E$；对 PNP 型的晶体管，其电位关系为 $U_C < U_B < U_E$。

④ 对 NPN 型硅晶体管，有发射结电压 $U_{BE} \approx 0.7\mathrm{V}$；对 NPN 型锗晶体管，有 $U_{BE} \approx 0.2\mathrm{V}$。

3) 饱和区　晶体管工作在饱和状态时具有如下特点：

① 晶体管的发射结和集电结均正向偏置。

② 晶体管的电流放大能力下降，通常有 $I_C < \beta I_B$。

③ U_{CE} 的值很小，称此时的电压 U_{CE} 为晶体管的饱和压降，用 U_{CES} 表示。一般硅晶体管的 U_{CES} 约为 0.3V，锗晶体管的 U_{CES} 约为 0.1V；

④ 晶体管的集电极和发射极近似短接，晶体管类似于一个开关导通。

晶体管作为开关使用时，通常工作在截止和饱和区；作为放大器件使用时，一般要工作在放大区。

3. 晶体管的主要参数

晶体管的参数可以通过查半导体手册来得到，它是正确选定晶体管的重要依据，下面介绍晶体管的几个主要参数。

（1）电流放大系数　它是表征晶体管电流放大能力的参数。

1) 直流电流放大系数 $\bar{\beta}$（h_{FE}）　集电极直流与基极直流电流之比，即 $\bar{\beta} = I_C / I_B$。

2) 交流电流放大系数 β（h_{fe}）　集电极电流的变化量与基极电流的变化量之比，即 $\beta = \Delta I_C / \Delta I_B$。

一般晶体管的 $\beta \approx \bar{\beta}$，在几十至几百之间。选用晶体管时 β 值要适当：β 太小则晶体管电流放大能力差，β 太大将导致晶体管工作稳定性下降。

（2）极间反向饱和电流　这是衡量晶体管质量优劣的重要指标，它是由晶体管中少数载流子漂移形成的电流，其大小直接影响着晶体管的工作稳定性，包括以下两个电流：

1) 集电极—基极反向饱和电流 I_{CBO}　其测量电路如图 1-27a 所示，图中以 NPN 型晶体管为例。

2) 集电极—发射极反向饱和电流 I_{CEO}　其测量电路如图 1-27b 所示，图中以 NPN 型晶体管为例。

这两个电流存在以下关系：$I_{CEO} = (1 + \beta) I_{CBO}$

当温度升高时，这两个电流都会增大，选用晶体管时要求反向饱和电流尽量小。

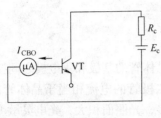

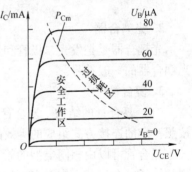

a)I_{CBO}的测量电路　　b)I_{CEO}的测量电路

图 1-27　反向饱和电流的测量电路

（3）极限参数　指晶体管使用时电压、电流及功率的极限值，如超过此参数将影响晶体管的正常工作。

1）集电极最大允许电流 I_{Cm}　当 I_C 过大时，晶体管的 β 值将会下降，规定 β 下降到正常值的 2/3 时的集电极电流为集电极最大允许电流。

2）反向击穿电压　超过此参数，晶体管会因电击穿而损坏。

U_{CEO}：基极开路时，集电极与发射极之间所能承受的最高反向电压，一般几十伏。

U_{CBO}：发射极开路时，集电极与基极之间所能承受的最高反向电压，约几十伏。

U_{EBO}：集电极开路时，发射极与基极之间所能承受的最高反向电压，约 5V 左右。

3）集电极最大允许耗散功率 P_{Cm}　$P_{Cm} = I_C U_{CE}$，超过此值，晶体管会因过热而损坏。

晶体管在使用时要注意 $I_C < I_{Cm}$、$U_{CE} < U_{CEO}$、$P_c < P_{Cm}$，晶体管才能长期安全工作，即应使晶体管工作在图 1-28 所示的安全工作区内。

图 1-28 中的虚线上各点坐标值 U_{CE} 与 I_C 乘积（功率）均相等，此等功率线为过损耗线，其靠左下方为晶体管安全工作区，右上方为过损耗区。

4. 温度对晶体管特性的影响

同二极管一样，晶体管也是一种对温度十分敏感的器件，随温度的变化，晶体管的性能参数也会改变。图 1-29 所示为晶体管的特性曲线受温度影响的情况。

图 1-28　晶体管安全工作区

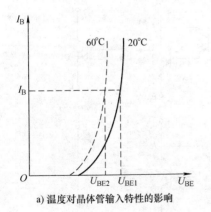

a) 温度对晶体管输入特性的影响

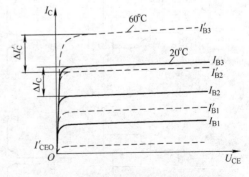

b) 温度对晶体管输出特性的影响

图 1-29　温度对晶体管特性曲线的影响

学一学——特殊晶体管

1. 光敏晶体管

光敏晶体管又叫光电晶体管，是一种相当于在晶体管的基极和集电极之间接入一只光敏二极管的晶体管，此晶体管工作在反偏状态，光敏二极管的电流相当于晶体管的基极电流。从结构上讲，此类管子基区面积比发射区面积大很多，光照面积大，光电灵敏度比较高，因为具有电流放大作用，在集电极可以输出很大的光电流。

光敏晶体管有塑封、金属封装（顶部为玻璃镜窗口）、陶瓷、树脂等多种封装结构，引脚分为两脚型和三脚型。一般两个引脚的光敏晶体管，引脚分别为集电极和发射极，而光窗口则为基极。图1-30所示为光敏晶体管的等效电路、符号和外形。

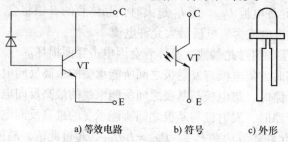

a) 等效电路　　　　　b) 符号　　　　c) 外形

图1-30　光敏晶体管的等效电路、符号和外形

2. 光耦合器

光耦合器是把发光二极管和光敏晶体管组合在一起的光—电转换器件。图1-31所示为光耦合器的一般符号。

3. 复合管

（1）复合管的结构　复合管是由两个或两个以上的晶体管按照一定的连接方式组成的等效晶体管，又称为达林顿管。

复合管可以由相同类型的管子复合而成，也可以由不同类型的管子复合连接，其连接的方法有多种。图1-32所示为四种常见的复合管结构，其连接的原则：并接点（如图中f点），图1-31　光耦合器的一般符号

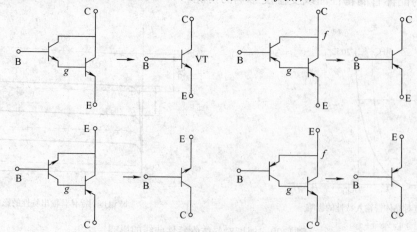

图1-32　四种常见的复合管结构

总的电流等于各管电流的代数和；串接点（如图中 g 点），电流连续。连接的基本规律为小功率晶体管放在前面，大功率晶体管放在后面。连接时要保证每管都工作在放大区域，保证每管的电流通路。

（2）复合管的特点

1）复合管的类型与组成复合管的第一只晶体管的类型相同。

2）复合管的电流放大系数 β 近似为组成该复合管的各晶体管电流放大系数的乘积。即 $\beta \approx \beta_1 \beta_2 \beta_3 \cdots$。

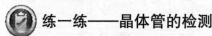 **练一练——晶体管的检测**

1. 判别晶体管的引脚

万用表电阻挡测量电阻的阻值时，表内电池与表外电阻形成直流回路，导通电流驱动指针偏转，且电阻越小，电流越大，指针偏转越靠右，故电阻挡读数左边大，右边小。黑表笔连至表内电池正极，故导通电流从黑表笔流出万用表，从红表笔流进万用表。

（1）选挡　功率在 1W 以下的中、小功率晶体管，可用万用表的"R×1kΩ"或者"R×100"挡测量；功率在 1W 以上的大功率晶体管，可用万用表的"R×1"或"R×10"挡测量。

（2）判定基极 B 和管型　分别用万用表的红、黑表笔测量晶体管三个电极的正反向电阻，共有六种阻值，正常情况下，只有两小四大、两小阻值表明晶体管内两个 PN 结正偏，它们记录的公共电极必为基极；且若黑表笔接基极 B，则必为 NPN 型；若红表笔接基极 B，则为 PNP 型。

（3）判定集电极 C 和发射极 E　根据管型和基极，只要任意假定一个集电极，一手捏住基极 B 和假定 C 极，万用表仍然处在电阻挡，另一手将两表笔分别触碰 C 和 E，如图 1-33 所示。

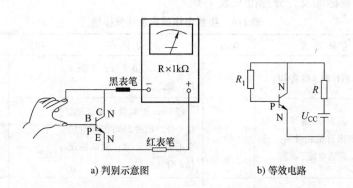

a) 判别示意图　　　　　b) 等效电路

图 1-33　判别晶体管 C、E 电极的原理图

对于 NPN 型：黑表笔接假定 C，红表笔接假定 E，观察并记录万用表指针偏转读数；更换假定 C，再次捏住 B 和假定 C，继续黑 C 红 E，观察万用表指针偏转读数。对比两次假定的读数，阻值较小（偏转较大）者，假定 C 为成立。

对于 PNP 型：红表笔接假定 C，黑表笔接假定 E，观察并记录万用表指针偏转读数；更换假定 C，再次捏住 B 和假定 C，继续黑 E 红 C，观察万用表指针偏转读数。对比两次假定的读数，阻值较小（偏转较大）者，假定 C 为成立。

2. 晶体管性能的简易测量

（1）用万用表电阻挡测 I_{CEO} 和 β　测量 I_{CEO} 时，C、E 间电阻值越大则表明 I_{CEO} 越小。在区别晶体管的 C 与 E 时，表针偏转大，则管子的 β 大。

（2）用万用表 h_{FE} 挡测 β　有的万用表有 h_{FE} 挡，按其规定的极性插入晶体管即可测得电流放大系数 β。若 β 很小或为零，则表明晶体管已损坏。还可用万用表的电阻挡分别测两个 PN 结确认是否击穿或断路。

（3）硅管和锗管的判别　NPN 型晶体管可利用图 1-34 所示电路进行测试。PNP 型晶体管与 NPN 型晶体管的测试方法相同，但电池和万用表的极性应与 NPN 型晶体管相反。

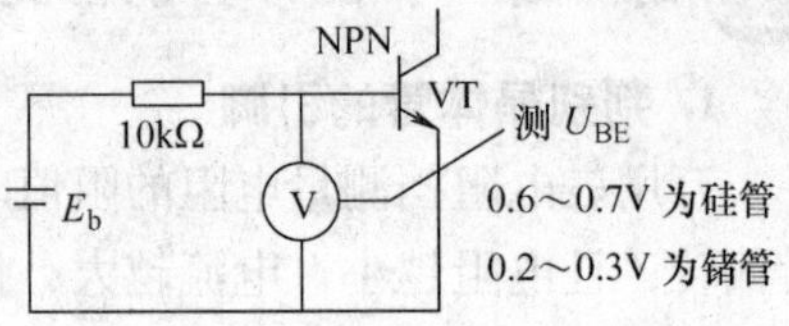

测 U_{BE}
0.6～0.7V 为硅管
0.2～0.3V 为锗管

图 1-34　硅管、锗管的判别

（4）检测多种型号的晶体管　判别不同型号晶体管的电极及质量，并将结果填入表 1-5 中。

表 1-5　检测晶体管的电极及质量

晶体管编号		1	2	3	4	5	6	7	8	9	10
管型及电极判别	型号										
	管型										
	外形图及各脚电极										
质量判别											

3. 项目质量考核要求及评分标准

项目质量考核标准及评分标准见表 1-6。

表 1-6　质量考核要求及评分标准

考核项目	考核要求	配分	评分标准	扣分	得分	备注
二极管	10min 内检测二极管 20 只	20	错 1 只，扣 5 分；多测 1 只，加 2 分			
晶体管	10min 内检测晶体管 10 只，确定出管型、材料、引脚名称、穿透电流、β 值	40	超 1min 但测量结果正确，扣 1 分；超过 2min 但测量结果正确，扣 2 分；测量错误扣 5 分			
安全文明操作	严格遵守电业安全操作规程；工作台工具、器件摆放整齐	20	违反安全操作规程，扣 1～10 分；工具、器件不整齐，扣 1～5 分			
时间	40min	20	提前正确完成每 2min 加 5 分；超过定额时间每 2min 扣 5 分			
开始时间：		结束时间：		实际时间：		

任务2 单管放大电路

◆ **问题引入**

放大电路（简称放大器）的功能是把微弱的电信号（电流、电压）进行有限的放大，基本特征是对信号进行功率放大。它广泛用于各种电子设备中，如扬声器、电视机、音响设备、仪器仪表、自动控制系统等。

◆ **任务描述**

 看一看——基本共发射极放大电路

这里以图1-35所示的NPN共发射极放大电路为例，讨论放大电路的组成、工作原理以及分析方法。

学一学——放大器的基本组成

1. 各元器件的作用

（1）晶体管——电流放大器件。

（2）隔直耦合电容 C_1 和 C_2。

（3）基极回路电源 U_{BB} 和基极偏置电阻 R_b。

（4）集电极电源 U_{CC}——提供晶体管集电结反偏的偏置电压。

（5）集电极负载电阻 R_c——不可短路，否则无输出电压信号。

电流的方向：对NPN型晶体管基极电流 i_B、集电极电流 i_C 流入电极为正，发射极电流 i_E 流出电极为正，这和NPN型晶体管的实际电流方向相一致。

2. 电压、电流等符号的规定

将图1-35两个直流电源合并为一个电源 U_{CC}，简化电路如图1-36所示。

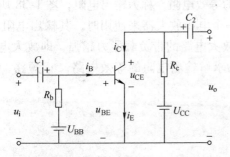

图1-35 基本共发射极放大电路

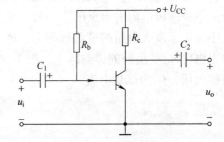

图1-36 单电源共发射极电路

该放大电路又称固定偏置共发射极放大电路，既有直流电源 U_{CC}，又有交流电压 u_i，电路中晶体管各电极的电压和电流包含直流量和交流量两部分。

为了分析的方便，各量的符号规定如下。

（1）直流分量：U_{CC}、U_{BE}、U_{CE}、I_B、I_C、I_E。

（2）交流分量：u_i、u_o、u_{be}、u_{ce}、i_b、i_c、i_e。

（3）瞬时值：u_i、u_o、u_{BE}、u_{CE}、i_B、i_C、i_E。

（4）交流有效值：U_i、U_o、U_{be}、U_e、I_b、I_c、I_e。

（5）交流峰值：U_{im}、U_{om}、U_{bem}、U_{em}、I_{bm}、I_{cm}、I_{em}。

3. 放大电路实现信号放大的实质

放大电路放大的实质是实现小能量对大能量的控制和转换。根据能量守恒定律，在这种能量的控制和转换中，电源 U_{CC} 为输出信号提供能量。

需要特别注意的是，信号的放大仅对交流量而言。

4. 放大电路的主要性能指标

（1）放大倍数 A_u、A_i　放大倍数是衡量放大电路对信号放大能力的主要技术参数。

1）电压放大倍数 A_u　它是指放大电路输出电压与输入电压的比值。

$$A_u = \frac{u_o}{u_i}$$

常用分贝（dB）来表示电压放大倍数，这时称为增益，电压增益 $= 20\lg|A_u|\,dB$。

2）电流放大倍数 A_i　它是指放大电路输出电流与输入电流的比值。

$$A_i = \frac{i_o}{i_i}$$

（2）输入电阻 R_i　输入电阻为放大电路输出端接实际负载电阻 R_L 后，输入电压 u_i 与输入电流 i_i 之比。图 1-37 所示为放大电路输入电阻的示意图。对于一定的信号源电路，输入电阻 R_i 越大，放大电路从信号源得到的输入电压 u_i 就越大，放大电路向信号源索取电流的能力也就越小。

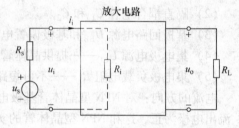

图 1-37　放大电路的输入电阻

$$R_i = \frac{u_i}{i_i}$$

（3）输出电阻 R_o　从输出端向放大电路看入的等效电阻，称为输出电阻，图 1-38 所示为放大电路输出电阻的示意图。当放大电路作为一个电压放大器来使用时，其输出电阻 R_o 的大小决定了放大电路的带负载能力。R_o 越小，放大电路的带负载能力越强，即放大电路的输出电压 u_o 受负载的影响越小。图 1-39 所示为求解输出电阻的等效电路，u_s 短路，U_T 为探察电压，I_T 为探察电流。

$$R_o = \frac{U_T}{I_T}$$

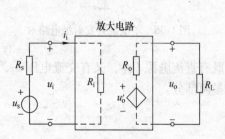

图 1-38　放大电路的输出电阻

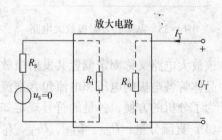

图 1-39　输出电阻的求解电路

学一学——图解分析法

图解分析方法是指根据输入信号，在晶体管的特性曲线上直接作图求解的方法。

1. 静态工作点 Q

（1）静态、动态和静态工作点的概念

1）静态（$u_i = 0$）。

2）动态（$u_i \neq 0$）。

3）静态工作点 Q。

静态工作点是指在晶体管输入和输出伏安特性曲线上某一点 Q 所对应的坐标位置（U_{BEQ}，I_{BQ}）、（U_{CEQ}，I_{CQ}），其数值表示晶体管在没有交流输入信号时，其直流工作状态。如图 1-40 所示，Q 点位于晶体管的放大区，即晶体管处于直流导通状态。

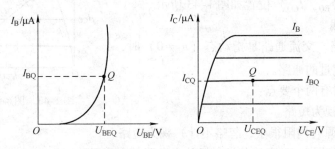

图 1-40　静态工作点 Q

（2）直流通路　直流通路是指静态（$u_i = 0$）时，电路中只有直流量流过的通路。

画直流通路有两个要点：

1）电容视为开路。

2）电感视为短路。

图 1-41 和图 1-42 所示分别为共发射极放大电路及其直流通路。估算电路的静态工作点 Q 时必须依据这种直流通路。

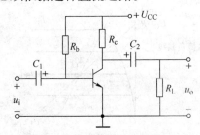

图 1-41　共发射极放大电路

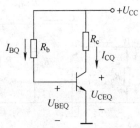

图 1-42　共发射极放大电路的直流通路

（3）Q 点的估算　根据直流通路估算 Q 点有两种方法。

1）公式估算法确定 Q 点　在图 1-42 所示直流通路中，若 $U_{BEQ} \approx 0.7\text{V}$，则忽略此数值。

有

$$I_{BQ} = \frac{U_{CC} - U_{BEQ}}{R_b} \approx \frac{U_{CC}}{R_b}$$

$$I_{CQ} = \beta I_{BQ}$$
$$U_{CEQ} = U_{CC} - I_{CQ}R_c$$

例 1-1 试估算图 1-41 所示放大电路的静态工作点。已知 $U_{CC} = 12V$，$R_c = 3k\Omega$，$R_b = 280k\Omega$，硅晶体管的 β 为 50。

解：
$$I_{BQ} = \frac{U_{CC} - U_{BEQ}}{R_b} = \frac{12 - 0.7}{280}mA = 0.04mA = 40\mu A$$

$$I_{CQ} = \beta I_{BQ} = (50 \times 0.04)mA = 2mA$$

$$U_{CEQ} = U_{CC} - I_{CQ}R_c = (12 - 2 \times 3)V = 6V$$

2）图解法确定 Q 点　在晶体管的输出伏安特性曲线上以直线方程 $U_{CE} = U_{CC} - I_C R_c$ 作直流负载线，该负载线与输出特性曲线 $I_{CQ} = \beta I_{BQ}$ 的交点即为静态工作点 Q，其坐标（U_{CEQ}，I_{CQ}）位置如图 1-43 所示。

2. 交流负载线

（1）交流通路　交流通路是指动态（$u_i \neq 0$）时，电路中交流分量流过的通路。

画交流通路时有两个要点：

1）耦合电容视为短路。

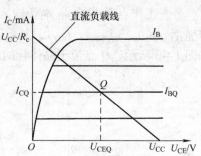

图 1-43　图解法确定 Q 点

2）直流电压源（内阻很小，忽略不计）视为短路。

图 1-44 所示为图 1-41 中的共发射极放大电路的交流通路。

计算动态参数 A_u、R_i、R_o 时必须依据交流通路。

（2）交流负载线　在图 1-44 中有关系式

$$u_o = \Delta U_{CE} = -\Delta i_c (R_c /\!/ R_L) = -i_c R_L' \tag{1-1}$$

式中的 $R_L' = R_c /\!/ R_L$ 称为交流负载电阻，负号表示电流 i_c 和电压 u_o 的方向相反。

交流变化量在变化过程中一定要经过零点，此时 $u_i = 0$，与静态工作点 Q 相符合，所以 Q 点也是动态过程中的一个点。交流负载线和直流负载线在 Q 点相交，如图 1-45 所示。

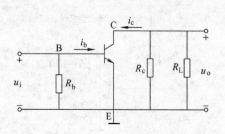

图 1-44　共发射极放大电路的交流通路

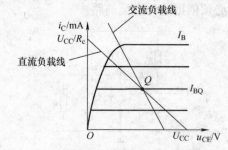

图 1-45　交流负载线

交流负载线由交流通路获得，且过 Q 点，因此交流负载线是动态工作点移动的轨迹。

学一学——非线性失真

所谓失真，是指输出信号的波形与输入信号的波形不一致。晶体管是一个非线性器件，有截止区、放大区、饱和区三个工作区，如果信号在放大的过程中，放大器的工作范围超出了特性曲线的线性放大区域，进入了截止区或饱和区，集电极电流 i_c 与基极电流 i_b 不再成线性比例的关系，则会导致输出信号出现非线性失真。

非线性失真分为截止失真和饱和失真两种。

1. 截止失真

当放大电路的静态工作点 Q 选取比较低时，I_{BQ} 较小，输入信号的负半周进入截止区而造成的失真称为截止失真。图 1-46 所示为放大电路的截止失真。

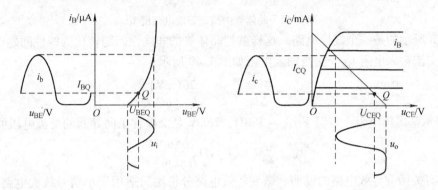

图 1-46　截止失真

2. 饱和失真

当放大电路的静态工作点 Q 选取比较高时，I_{BQ} 较大，U_{CEQ} 较小，输入信号的正半周进入饱和区而造成的失真称为饱和失真。图 1-47 所示为放大电路的饱和失真。u_i 正半周进入饱和区造成 i_c 失真，从而使 u_o 失真。

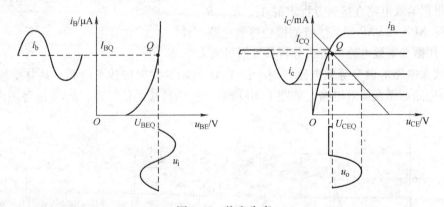

图 1-47　饱和失真

学一学——微变等效电路

1. 晶体管微变等效电路模型

微变等效电路分析法指的是在晶体管特性曲线上 Q 点附近，当输入为微变信号时，可以把晶体管的非线性特性近似看做是线性的，即把非线性器件晶体管转为线性器件进行求解的方法如图 1-48 所示。

（1）晶体管的微变等效电路　结论：当输入为微变信号时，对于交流微变信号，晶体管可用如图 1-48b 所示的微变等效电路来代替。图 1-48a 所示的晶体管是一个非线性器件，

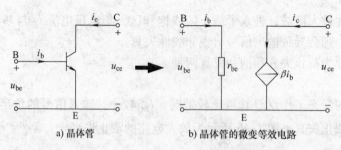

a) 晶体管　　　　　　　　b) 晶体管的微变等效电路

图 1-48　晶体管的微变等效电路模型

但图 1-48b 所示的是一个线性电路。这样就把晶体管的非线性问题转化为线性问题。

（2）交流输入电阻 r_{be}　交流输入电阻如图 1-49 所示。

$$r_{be} = \frac{\Delta u_{BE}}{\Delta i_B} = r_{bb'} + \frac{26(mV)}{I_{BQ}(mA)}$$

$r_{bb'}$ 表示基区体电阻，室温下 $r_{bb'} \approx 300\Omega$，26mV 是二极管正向导通的交流电压值。

$$r_{be} = 300 + (1 + \beta)\frac{26(mV)}{I_{EQ}(mA)} \tag{1-2}$$

（3）有关微变等效电路的说明　微变等效电路分析法只适用于小信号放大电路的分析，主要用于对放大电路动态性能的分析。

2. 共发射极放大器微变等效电路

（1）用微变等效电路分析法分析放大电路的求解步骤

1）用公式估算法估算 Q 点坐标值，并计算 Q 点处的参数 r_{be} 值。

2）由放大电路的交流通路，画出放大电路的微变等效电路。

3）根据等效电路直接列方程求解 A_u、R_i、R_o。

注意：NPN 和 PNP 型晶体管的微变等效电路一样。

（2）用微变等效电路分析法分析共发射极放大电路

1）放大电路的微变等效电路　对于图 1-41 所示共发射极放大电路，从其交流通路图 1-44 可得电路的微变等效电路，如图 1-50 所示。u_s 为外接的信号源，R_s 是信号源内阻。

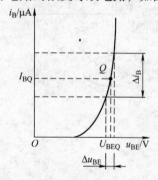

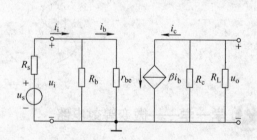

图 1-49　晶体管的交流输入电阻 r_{be}　　　　图 1-50　共发射极放大电路的微变等效电路

2）求解电压放大倍数 A_u

$$A_u = \frac{u_o}{u_i} = -\frac{\beta i_b(R_c /\!/ R_L)}{i_b r_{be}} = -\frac{\beta(R_c /\!/ R_L)}{r_{be}} \tag{1-3}$$

负号表示输出电压 u_o 与输入电压 u_i 反相位。

3）求解电路的输入电阻 R_i

$$R_i = R_b /\!/ r_{be} \tag{1-4}$$

一般基极偏置电阻 $R_b \gg r_{be}$，$R_i \approx r_{be}$

4）求解电路的输出电阻 R_o　图 1-51 所示为求解输出电阻的等效电路。

$$R_o \approx R_c \tag{1-5}$$

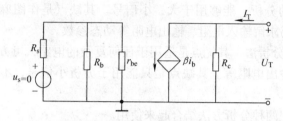

图 1-51　求解输出电阻的等效电路

输出电阻 R_o 越小，放大电路的带负载能力越强。输出电阻 R_o 中不应包含负载电阻 R_L。

5）求解输出电压 u_o 对信号源电压 u_s 的放大倍数 A_{us}　由图 1-50 可得源电压放大倍数 A_{us} 为

$$A_{us} = \frac{u_o}{u_s} = \frac{u_o}{u_i}\frac{u_i}{u_s} = A_u \frac{u_i}{u_s}$$

又由图 1-50 可得

$$\frac{u_o}{u_s} = \frac{r_i}{r_i + r_s} \approx \frac{r_{be}}{r_{be} + r_s}$$

公式 1-3 代入上式

$$A_{us} = \frac{u_o}{u_s} = -\beta \frac{(R_c /\!/ R_L)}{r_{be} + r_s} \tag{1-6}$$

由于信号源内阻的存在，$A_{us} < A_u$，电路的输入电阻越大，输入电压 u_i 越接近 u_s。

例 1-2　在图 1-41 共发射极放大电路中，已知 $U_{CC} = 12V$，$R_b = 300k\Omega$，$R_c = 3k\Omega$，$R_L = 3k\Omega$，$\beta = 50$。试求：①放大电路的静态工作点；②输入电阻 R_i 和输出电阻 R_o；③电压放大倍数 A_u。

解：①如图 1-42 所示，求静态工作点

$$I_{BQ} = \frac{U_{CC} - U_{BEQ}}{R_b} \approx \frac{U_{CC}}{R_b} = \frac{12}{300}mA = 40\mu A$$

$$I_{CQ} = \beta I_{BQ} = (50 \times 0.04)mA = 2mA$$

$$U_{CEQ} = U_{CC} - I_{CQ}R_c = (12 - 2 \times 3)V = 6V$$

$$r_{be} = 300\Omega + (1 + \beta)\frac{26(mV)}{I_{EQ}(mA)} = \left[300 + (1 + 50)\frac{26}{2}\right]\Omega = 963\Omega = 0.963k\Omega$$

②求输入电阻 R_i

$$R_i = R_b /\!/ r_{bc} = (300 /\!/ 0.963)k\Omega \approx 0.96k\Omega$$

求输出电阻 R_o

$$R_o \approx R_c = 3\text{k}\Omega$$

③求电压放大倍数 A_u

$$A_u = -\frac{\beta R_L'}{r_{be}} = -\frac{50 \times \frac{3 \times 3}{3 + 3}}{0.963} = -78$$

（3）两种分析方法特点比较

1）放大电路的图解分析法　其优点是形象直观，适用于 Q 点分析、非线性失真分析、最大不失真输出幅度的分析，能够用于大、小信号。其缺点是作图麻烦，只能分析简单电路，求解误差大，不易求解输入电阻、输出电阻等动态参数。

2）微变等效电路分析法　其优点是适用于任何复杂的电路，可方便求解动态参数如放大倍数、输入电阻、输出电阻等。其缺点是只能用于分析小信号，不能用来求解静态工作点 Q。

实际应用中，常把两种分析方法结合起来使用。

学一学——静态工作点稳定措施

1. 温度变化对 Q 点的影响

影响 Q 点的因素有很多，如电源波动、偏置电阻的变化、管子的更换、元器件的老化等，不过最主要的影响则是环境温度的变化。晶体管是一个对温度非常敏感的器件，随温度的变化，晶体管参数会受到影响，具体表现在以下几个方面。

（1）温度升高，晶体管的反向电流增大。

（2）温度升高，晶体管的电流放大系数 β 增大。

（3）温度升高，相同基极电流 I_B 下，U_{BE} 减小，晶体管的输入特性具有负的温度特性。温度每升高 1°C，U_{BE} 大约减小 2.2mV。

2. 分压式偏置放大器

（1）工作点稳定电路的组成　图 1-52 所示为分压偏置式工作点稳定电路。

（2）稳定 Q 点的原理　U_B 不随温度变化；温度升高时：

$$I_{EQ} \uparrow \to U_E \uparrow \to U_{BEQ}(U_B - U_E) \downarrow \to I_{BQ} \downarrow \to I_{CQ} \downarrow \to$$
$I_{EQ} \downarrow$，Q 点得到稳定。

分压偏置式放大电路具有稳定 Q 点的作用，在实际电路中应用广泛。实际应用中，为保证 Q 点的稳定，要求电路 $I_1 \gg I_{BQ}$。一般对于硅材料的晶体管而言，$I_1 = (5 \sim 10)I_{BQ}$。

（3）工作点稳定电路的分析

1）静态工作点 Q 的估算　图 1-53 所示为分压式偏置工作点稳定电路的直流通路。

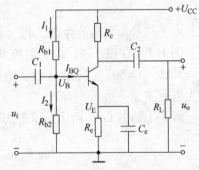

图 1-52　分压偏置式工作点稳定电路

$$U_{BQ} = \frac{R_{b2}}{R_{b1} + R_{b2}} U_{CC}$$

$$I_{CQ} \approx I_{EQ} = \frac{U_{BQ} - U_{BEQ}}{R_e} \tag{1-7}$$

$$U_{CEQ} = U_{CC} - I_{CQ}(R_c + R_e)$$

2）微变等效电路　图 1-54 所示为工作点稳定电路的交流通路，图 1-55 所示为其微变等效电路。因为旁路电容 C_e 的交流短路作用，电阻 R_e 被短路掉。

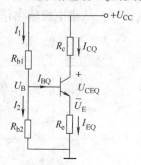

图 1-53　工作点稳定电路的直流通路

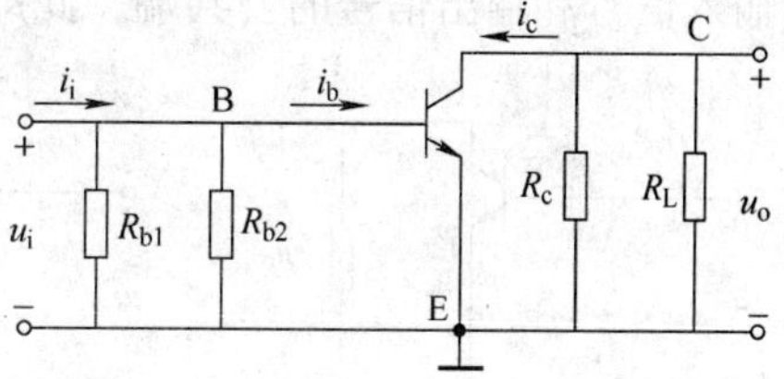

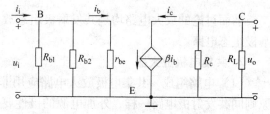

图 1-54　工作点稳定电路的交流通路

例 1-3　共发射极放大电路如图 1-52 所示，已知：$\beta = 50$，$U_{BE} = 0.7V$，$R_{b1} = 50k\Omega$，$R_{b2} = 10k\Omega$，$R_c = 4k\Omega$，$R_e = 1k\Omega$，$R_L = 4k\Omega$，$U_{CC} = 12V$，试求：

（1）静态工作点 Q。

（2）A_u、R_i 和 R_o 的值。

图 1-55　工作点稳定电路的微变等效电路

解：（1）本题电路为分压式偏置方式，直流通路如图 1-53 所示。根据直流通路可得静态参数。

$$U_{BQ} \approx \frac{R_{b2}}{R_{b1} + R_{b2}}U_{CC} = \frac{10}{50+10} \times 12V = \frac{12}{6}V = 2V$$

$$I_{CQ} \approx I_{EQ} = \frac{U_{BQ} - U_{BE}}{R_e} = \frac{(2-0.7)V}{1k\Omega} = 1.3mA$$

$$I_{BQ} = \frac{I_{CQ}}{\beta} = \frac{1.3}{50}mA = 26\mu A$$

$$U_{CEQ} \approx U_{CC} - I_{CQ}(R_c + R_e) = [12 - 1.3 \times (4+1)]V = 5.5V$$

$$r_{be} = 300\Omega + (1+\beta)\frac{26(mV)}{I_{EQ}(mA)} = \left[300 + 51 \times \frac{26}{1.3}\right]\Omega = 1320\Omega \approx 1.3k\Omega$$

（2）图 1-52 所对应的微变等效电路如图 1-55 所示。根据微变等效电路图可得

$$A_u = -\beta\frac{R'_L}{r_{be}} = -50 \times \frac{4//4}{1.3} \approx -77$$

$$R_i = R_{b1}//R_{b2}//r_{be} = (50//10//1.3)k\Omega \approx 1.1k\Omega$$

$$R_o = R_c = 4k\Omega$$

❓ 学一学——放大器的三种组态

1. 放大器的三种组态

基本放大电路共有三种组态，晶体管在组成放大电路时便有三种连接方式，即放大电路的三种组态：共发射极、共集电极和共基极组态放大电路。

图 1-56 所示为晶体管在放大电路中的三种连接方式：图 1-56a 从基极输入信号，从集电极输出信号，发射极作为输入信号和输出信号的公共端，此即共发射极（简称共射极）放大电路；图 1-56b 从基极输入信号，从发射极输出信号，集电极作为输入信号和输出信号的公共端，此即共集电极放大电路；图 1-56c 从发射极输入信号，从集电极输出信号，基极作为输入信号和输出信号的公共端，此即共基极放大电路。

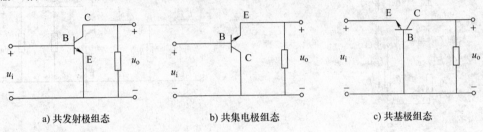

a) 共发射极组态 b) 共集电极组态 c) 共基极组态

图 1-56 晶体管的三种连接方式

前面讨论的放大电路均是共发射极组态放大电路。另两种组态电路分别为共集电极和共基极组态电路。

2. 共集电极放大器

（1）电路组成 共集电极放大电路应用非常广泛，其电路构成如图 1-57 所示。其组成原则同共发射极电路一样，外加电源的极性要保证放大管发射结正偏，集电结反偏，同时保证放大管有一个合适的 Q 点。

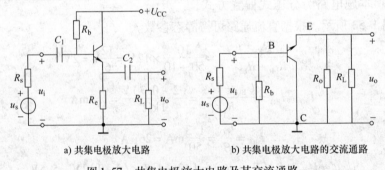

a) 共集电极放大电路 b) 共集电极放大电路的交流通路

图 1-57 共集电极放大电路及其交流通路

交流信号 u_i 从基极 B 输入，u_o 从发射极 E 输出，集电极 C 作为输入、输出的公共端，故称为共集电极组态，此电路也叫射极跟随器。

（2）静态工作点 Q 的估算 图 1-58 所示为共集电极电路的直流通路及其微变等效电路。

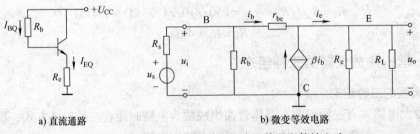

a) 直流通路 b) 微变等效电路

图 1-58 共集电极电路的直流通路及其微变等效电路

$$I_{BQ} = \frac{U_{CC} - U_{BEQ}}{R_b + (1+\beta)R_e}, I_{CQ} = \beta I_{BQ},$$

$$U_{CEQ} \approx U_{CC} - I_{EQ}R_e \tag{1-8}$$

（3）动态参数 A_u、R_i、R_o

$$u_o = i_e R_L' = (1+\beta)i_b R_L' \tag{1-9}$$

$$u_i = i_b r_{be} + u_o = i_b r_{be} + (1+\beta)i_b R_L' \tag{1-10}$$

1）电压放大倍数

$$A_u = \frac{u_o}{u_i} = \frac{(1+\beta)R_L'}{r_{be} + (1+\beta)R_L'} \tag{1-11}$$

一般 $(1+\beta)R_L' \gg r_{be}$，故 $A_u \approx 1$，即共集电极放大电路输出电压与输入电压大小近似相等，相位相同，没有电压放大作用。

2）输入电阻

$$R_i' = \frac{u_i}{i_b} = \frac{i_b r_{be} + (1+\beta)i_b R_L'}{i_b} = r_{be} + (1+\beta)R_L'$$

$$R_i = R_b // R_i' = R_b // [r_{be} + (1+\beta)R_L'] \tag{1-12}$$

3）输出电阻　由图 1-58b 中信号源 u_s 短路，负载 R_L 断开求得 R_o'。

$$R_o' = \frac{u_o}{-i_e} = \frac{-i_b(r_{be} + R_s')}{-(1+\beta)i_b} = \frac{r_{be} + R_s'}{1+\beta}$$

式中的 $R_s' = R_e // R_b$，故

$$R_o = R_e // \frac{r_{be} + R_s'}{1+\beta}$$

通常 $R_e \gg \dfrac{r_{be} + R_s'}{1+\beta}$，所以

$$R_o \approx \frac{r_{be} + R_s'}{1+\beta} = \frac{r_{be} + R_s // R_b}{1+\beta} \tag{1-13}$$

共集电极电路的输出电阻很小，其带负载的能力比较强。实际应用中，射极跟随器常常用在多级放大电路的输出级，以提高整个电路的带负载能力。

共集电极电路的输入电阻很大，输出电阻很小。实际应用中，常常用作缓冲级，以减小放大电路前后级之间的相互影响。

3. 共基极放大器

（1）电路组成　图 1-59 所示为共基极放大电路及其交流通路。图中 C_b 为基极旁路电容，其他元器件同共发射极放大电路。

交流信号 u_i 从发射极 E 输入，u_o 从集电极 C 输出，基极 B 作为输入、输出的公共端，因此称为共基极组态。

（2）静态工作点 Q 的估算

$$U_{BQ} \approx \frac{R_{b2}}{R_{b1} + R_{b2}}U_{CC} \tag{1-14}$$

$$I_{CQ} \approx I_{EQ} = \frac{U_{BQ} - U_{BEQ}}{R_e} \tag{1-15}$$

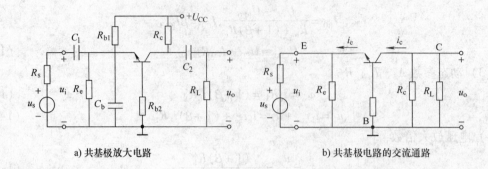

a) 共基极放大电路　　　　　　　　　　　b) 共基极电路的交流通路

图 1-59　共基极放大电路及其交流通路

$$U_{CEQ} \approx U_{CC} - I_{CQ}(R_c + R_e) \tag{1-16}$$

（3）动态参数 A_u、R_i、R_o

1）电压放大倍数 A_u

$$u_i = -i_b r_{be}$$
$$u_o = -\beta i_b R'_L \tag{1-17}$$
$$A_u = \frac{u_o}{u_i} = \frac{\beta R'_L}{r_{be}}$$

式中的 $R'_L = R_c // R_L$。

2）输入电阻 R_i

$$R'_i = \frac{u_i}{i_i} = \frac{-i_b r_{be}}{-(1+\beta)i_b} = \frac{r_{be}}{1+\beta} \tag{1-18}$$

$$R_i = R_e // R'_i = R_e // \frac{r_{be}}{1+\beta} \tag{1-19}$$

3）输出电阻 R_o

$$R_o \approx R_c \tag{1-20}$$

共基极电路具有电压放大作用，u_o 与 u_i 同相位；放大管输入电流为 i_e，输出电流为 i_c，没有电流放大作用，$i_c \approx i_e$，因此电路又称为电流跟随器；其输入电阻很小，输出电阻很大。共基极电路的频率特性比较好，一般多用于高频放大电路。

🔋 练一练——共发射极单管放大器的调试

1. 实训目标

（1）加深对共发射极单管放大器特性的理解。

（2）观察并测定电路参数的变化对放大电路静态工作点（Q）、电压放大倍数（A_u）及输出波形的影响。

（3）进一步练习万用表、示波器、信号发生器和直流稳压电源的正确使用方法。

2. 实训原理

共发射极单管放大器的实训原理如图 1-60 所示。

3. 实训设备与器件

① +12V 直流电源。

② 函数信号发生器。

③ 双踪示波器。

④ 交流毫伏表。

⑤ 直流电压表。

⑥ 直流毫安表。

⑦ 万用表。

⑧ 晶体管 3DG（$\beta = 30 \sim 50$）、电阻器、电容器若干。

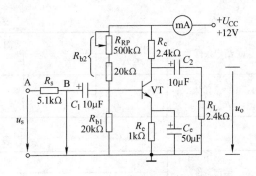

图 1-60　共发射极单管放大器实训原理

4. 实训内容、步骤及方法

（1）静态工作点的测量与调节

1）按图 1-60 接线，检查无误后接通直流电源 +12V。

2）测 U_{CE}，调节 RP，使 $U_{CE} = 4 \sim 6V$。

（2）交流信号的测量

1）在输入端加入 $u_i = 5mV$、$f = 1kHz$ 的信号，用示波器观察输出端 u_o 波形，并测量记录。

2）调节 R_{RP} 使 u_o 波形幅度最大而且不失真即可。

3）用交流毫伏表测量 u_o，并记录波形。

4）断开信号 u_i，测 Q 点 U_B、U_C 和 U_E。

5）断开 R_{b1} 与 VT 基极的连线，用万用表 ×10kΩ 挡测 R_b。

6）填写测量数据记录表 1-7。

表　1-7

给定条件	测 量 数 据					计算数据
	U_B/V	U_C/V	u_o/V	$R_b/k\Omega$	输出波形	A_u
$R_c = 2k\Omega$ $R_L = \infty$						

（3）观察改变电路中的参数对放大电路的静态工作点、电压放大倍数及输出波形的影响

1）改变 R_L，填写测量数据记录表 1-8。

表　1-8

给定条件	测 量 数 据					计算数据
	U_B/V	U_C/V	u_o/V	$R_b/k\Omega$	输出波形	A_u
$R_c = 2k\Omega$ R_{b2} 不变						

2）改变 R_c，填写测量数据记录表 1-9。

3）改变 R_{b2}，填写测量数据记录表 1-10。

表　1-9

给定条件	测 量 数 据					计算数据
	U_B/V	U_C/V	u_o/V	R_b/kΩ	输出波形	A_u
$R_c = 5\text{k}\Omega$ R_{b2}不变						

表　1-10

给定条件	测 量 数 据					计算数据
	U_B/V	U_C/V	u_o/V	R_b/kΩ	输出波形	A_u
$R_c = 2\text{k}\Omega,\ R_L = \infty$ R_{b2}变小						
$R_c = 2\text{k}\Omega,\ R_L = \infty$ R_{b2}变大						

5. 实训总结

（1）列表整理测量结果，并把实测的静态工作点、电压放大倍数与理论计算值比较（取一组数据进行比较），分析产生误差的原因。

（2）总结 R_{b2}，R_c，R_L 变化对静态工作点 Q、电压放大倍数 A_u、波形的影响。

（3）讨论静态工作点变化对放大器输出波形的影响。

（4）分析波形失真的原因。

（5）分析讨论在调试过程中出现的问题。

（6）写出实训报告。

6. 实训考核要求

实训考核采用形成性评价，学生考核成绩由学生在完成实训项目过程中的表现、实训项目完成情况及实训报告组成，其评价要点和权重见表1-11。

表 1-11　实训考核评价要点和权重

评 价 要 点		权　重
形成性评价	学习态度	5%
	职业素养	5%
	团队合作	5%
	技能表现	15%
	应知测试	20%
	5S 现场管理	10%
	项目完成情况	20%
	实训实习报告	20%

任务3　认识多级放大电路

◆　问题引入

单级放大电路对信号的放大是有限的，当需要较大的信号电压时，必须将多个单级放大电路连接起来进行多级放大，才能得到足够的电压放大倍数。如果负载要有足够的功率来驱动，那么在多级放大电路的末级还要接功率放大电路。

◆ **任务描述**

💡 **看一看——多级放大电路结构框图**

多级放大电路结构框图如图 1-61 所示。

图 1-61　多级放大电路结构框图

在实际应用中，放大电路的输入信号通常很微弱（毫伏或微伏数量级），为了使放大后的信号能够驱动负载，仅仅通过单级放大电路进行信号放大，很难达到实际要求，常常需要采用多级放大电路。采用多级放大电路可有效地提高放大电路的各种性能，如提高电路的电压增益、电流增益、输入电阻、带负载能力等。

多级放大电路是指两个或两个以上的单级放大电路所组成的电路。通常称多级放大电路的第一级为输入级。对于输入级，一般采用输入阻抗较高的放大电路，以便从信号源获得较大的电压输入信号并对信号进行放大。中间级主要实现电压信号的放大，一般要用几级放大电路才能完成信号的放大。通常把多级放大电路的最后一级称为输出级，主要用于功率放大，以驱动负载工作。

❓ **学一学——多级放大电路的特点及应用**

1. 多级放大电路的特点

（1）多级放大电路级间耦合方式

1）耦合　多级放大电路中级与级之间的连接方式叫耦合。

2）常用的耦合方式　阻容耦合、变压器耦合、直接耦合和光耦合。

（2）阻容耦合　它是指各级放大电路之间通过隔直电容耦合连接起来的耦合方式，如图 1-62 所示。

阻容耦合多级放大电路具有以下特点：

1）各级放大电路的静态工作点相互独立，互不影响，利于放大器的设计、调试和维修。

2）低频特性差，不适合放大直流及缓慢变化的信号，只能传递具有一定频率的交流信号。

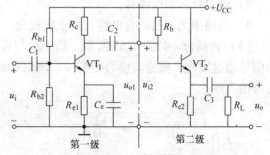

图 1-62　阻容耦合两级放大电路

3）输出温度漂移比较小。

4）阻容耦合电路具有体积小、重量轻的优点，在分立元件电路中应用较多。在集成电路中，由于不易制作大容量的电容，因此阻容耦合放大电路不便于做成集成电路。

（3）变压器耦合　它是指各级放大电路之间通过变压器耦合传递信号的耦合方式。图

1-63 所示为变压器耦合放大电路。通过变压器 T_1 把前级的输出信号 u_{o1}，耦合传送到后级，作为后一级的输入信号 u_{i2}。变压器 T_2 将第二级的输出信号耦合传递给负载 R_L。

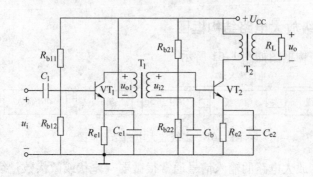

图 1-63　变压器耦合放大电路

变压器具有隔直流、通交流的特性，因此变压器耦合放大电路具有以下特点：

1）各级的静态工作点相互独立，互不影响，利于放大器的设计、调试和维修。

2）同阻容耦合一样，变压器耦合低频特性差，不适合放大直流及缓慢变化的信号，只能传递具有一定频率的交流信号。

3）可以实现电压、电流和阻抗的变换，容易获得较大的输出功率。

4）输出温度漂移比较小。

5）变压器耦合电路体积和重量较大，不便于做成集成电路。

（4）直接耦合　它是指前、后级之间没有连接元器件而直接连接的耦合方式。图 1-64 所示为直接耦合两级放大电路。前级的输出信号 u_{o1}，直接作为后一级的输入信号 u_{i2}。

直接耦合电路的特点：

1）各级放大电路的静态工作点相互影响，不利于电路的设计、调试和维修。

2）频率特性好，可以放大直流、交流以及缓慢变化的信号。

3）输出存在温度漂移。

4）电路中无大的耦合电容，便于集成化。

（5）光耦合　如图 1-65 所示，前一级与后一级间的连接器件是光耦合器件。前级的输出信号通过发光二极管转换为光信号，该信号照射在光敏晶体管上，再还原为电信号后送至后级输入端。

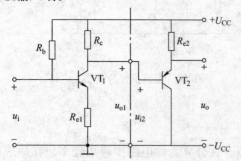

图 1-64　直接耦合两级放大电路

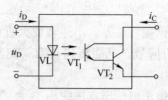

图 1-65　光耦合两级放大电路

2. 分析多级放大器

（1）电压放大倍数　多级放大器的电压放大倍数为各级电压放大倍数的乘积，即

$$A_u = A_{u1} A_{u2} \cdots A_{un}$$

（2）多级放大电路的输入电阻 R_i　多级放大电路的输入电阻 R_i 等于从第一级放大电路的输入端所看到的等效输入电阻 R_{i1}，即

$$R_i = R_{i1} \tag{1-21}$$

（3）多级放大电路的输出电阻 R_o　多级放大电路的输出电阻 R_o 等于从最后一级（末级）放大电路的输出端所看到的等效电阻 $R_{o\text{末}}$，即

$$R_o = R_{o\text{末}} \tag{1-22}$$

注意：求解多级放大电路的动态参数 A_u、R_i、R_o 时，一定要考虑前后级之间的相互影响。

1）要把后级的输入阻抗作为前级的负载阻抗。

2）前级的开路电压作为后级的信号源电压，前级的输出阻抗作为后级的信号源阻抗。

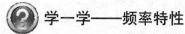 学一学——频率特性

1. 单级频率特性

（1）频率特性　放大倍数随信号频率变化的关系称为放大电路的频率特性，也叫频率响应。频率特性包含幅频特性和相频特性两部分。

用关系式 $A_u = A_u(f) \angle \varphi(f)$ 来描述放大电路的电压放大倍数与信号频率的关系。其中 $A_u(f)$ 表示电压放大倍数的模与信号频率的关系，叫做幅频特性；$\varphi(f)$ 表示放大电路的输出电压 u_o 与输入电压 u_i 的相位差与信号频率的关系，叫做相频特性。

（2）上、下限频率和通频带　图 1-66 所示为阻容耦合放大电路的幅频特性。从图中可以看出，在某一段频率范围内，放大电路的电压增益 $A_u(f)$ 与频率 f 无关，是一个常数，这时对应的增益称为中频增益 A_{um}；但随着信号频率的减小或增加，电压放大倍数 $A_u(f)$ 明显减小。

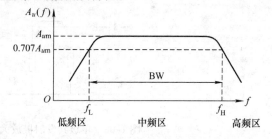

图 1-66　阻容耦合放大电路的幅频特性

1）下限频率 f_L 和上限频率 f_H　定义：当放大电路的放大倍数 A_u 下降到 $0.707A_{um}$ 时，所对应的两个频率分别叫做放大电路的下限频率 f_L 和上限频率 f_H。

2）通频带 BW　f_L 和 f_H 之间的频率范围称为放大电路的通频带，用 BW 表示。即

$$\text{BW} = f_H - f_L \tag{1-23}$$

（3）影响放大电路频率特性的主要因素　放大电路中除有电容量较大的、串接在支路中的隔直耦合电容和旁路电容外，还有电容量较小的、并接在支路中的极间电容以及杂散电容。这些电容都对放大电路的频率特性产生影响。分析放大电路的频率特性时，为方便起见，常把频率范围划分为三个频区：低频区、中频区和高频区，如图 1-66 所示。

1）低频区　若信号的频率 $f < f_L$，则称此频率区域为低频区。

2）中频区　若信号的频率 $f_L < f < f_H$，则称此频率区域为中频区。

3）高频区　若信号的频率 $f > f_H$，则称此频率区域为高频区。

（4）单级共发射极放大电路的频率特性　图 1-67 所示为单级阻容耦合基本共发射极放大电路及其频率特性。

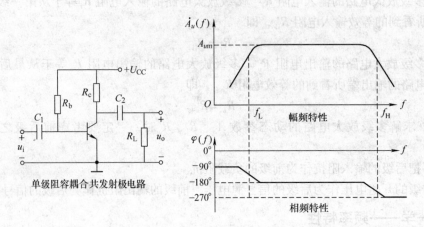

单级阻容耦合共发射极电路

图 1-67　单级阻容耦合基本共发射极放大电路及其频率特性

1）单级共发射极放大电路的中频特性　在中频区，电压增益最高且较为恒定，相位保持 $-180°$（反相），是交流信号放大（即音频放大）工作的有效频带宽度范围。

2）单级共发射极放大电路的低频特性　在低频区，要考虑隔直耦合电容和旁路电容的影响。图 1-68 所示为单级共射电路的低频微变等效电路。

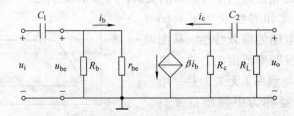

图 1-68　单级共发射极放大电路的低频微变等效电路

3）单级共发射极放大电路的高频特性　在高频区，主要考虑极间电容的影响。因为极间电容的分流作用，这时晶体管的电流放大系数 β 不再是一个常数，而是信号频率的函数。因此晶体管的中频微变等效电路模型在这里不再适用，分析时要用晶体管的高频微变模型。

2. 多级放大电路的频率特性曲线

（1）多级放大电路的幅频特性为各单级幅频特性的乘积　在多级放大电路中，有电压放大倍数

$$A_u = A_{u1} A_{u2} A_{u3} \cdots \tag{1-24}$$

若采用分贝为单位，则有

$$20\lg A_u = 20\lg A_{u1} + 20\lg A_{u2} + 20\lg A_{u3} + \cdots \tag{1-25}$$

（2）多级放大电路的相频特性为各单级相频特性的叠加

$$\varphi = \varphi_1 + \varphi_2 + \varphi_3 + \cdots \tag{1-26}$$

（3）多级放大电路的通频带　图 1-69 所示为两级阻容耦合放大电路的幅频特性。

多级放大电路的下限频率高于组成它的任一单级放大电路的下限频率；而上限频率则低于组成它的任一单级放大电路的上限频率；通频带窄于组成它的任一单级放大电路的通频带。

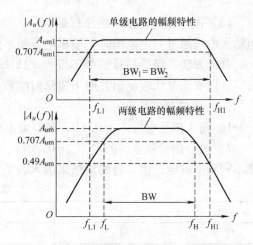

图 1-69　两级放大电路的幅频特性

练一练——射极跟随器

1. 实训目标

（1）加深对射极跟随器特性的理解。

（2）掌握射极跟随器的特性及测量技术。

（3）掌握放大电路频率特性的测试方法。

2. 实训原理

射极跟随器如图 1-70 所示。

射极跟随器具有输入阻抗高、输出阻抗低以及输出电压能够在较大范围内跟随输入电压作线性变化并且同相的特点。

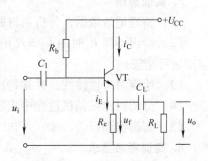

图 1-70　射极跟随器

3. 实训设备与器件

① +12V 直流电源。

② 函数信号发生器。

③ 双踪示波器。

④ 交流毫伏表。

⑤ 直流电压表。

⑥ 直流毫安表。

⑦ 万用表。

⑧ 晶体管 3DG（$\beta = 30 \sim 60$）、电阻器、电容器若干。

4. 实训内容、步骤及方法

（1）测量输入电阻 R_i

1）按图接线，检查无误后接通直流电源 +12V。

2）接入 $R_s = 4.7\text{k}\Omega$，接入 $f = 1\text{kHz}$ 信号源 u_s，加大信号源电压使 $U_i = 100\text{mV}$，测量此时的 U_s，则

$$R_i = \frac{U_i}{U_s - U_i} R_s$$

（2）测量输出电阻 R_o

1）接入 $U_i = 100\text{mV}$，$f = 1\text{kHz}$ 输入信号，测 $R_L = \infty$ 时 U_o 的值（U_o：放大器输出端开路时电压）。

2）接入 $R_L = 4.7\text{k}\Omega$，测 U_o' 的值（U_o'：放大器接 R_L 时输出电压）。

则

$$R_o = \left(\frac{U_o}{U_o'} - 1 \right) R_L$$

（3）测量跟随范围　电压跟随范围，是指射极跟随器输出电压随输入电压作线性变化。但输入电压超过一定范围时，输出电压便不能跟随输入电压作线性变化。

具体方法：保持信号频率不变 $f_i = 1kHz$，改变信号幅度，用示波器观察输出电压的波形，并用交流毫伏表测出波形不失真时的最大输出电压值。

（4）测试频率特性

1）输入信号电压 $U_i = 0.1V$，观察输出电压波形，测量 U_{om} 并记录，计算 A_{um}。

2）改变信号频率，测量 $U_{oL} = 0.707U_{om}$ 的频率，并记录 f_L、f_H 的值，并用交流毫伏表记录不同频率的电压值。将测量结果填入表 1-12。

表 1-12

f/Hz									
U_o/V									

5. 实训总结

（1）整理记录数据，分析射极跟随器的性能和特点。

（2）绘出不同 R_L 时的 $U_o = f(U_i)$，求出输出电压跟随范围，并与用作图法求得的跟随范围进行比较。

（3）绘频率特性曲线，并在特性曲线图中标出值。

（4）分析讨论在调试过程中出现的问题。

（5）写出实训报告。

6. 实训考核要求

见共发射极单管放大器的调试实训考核要求。

 练一练——两级交流放大电路

1. 实训目标

（1）学习两级交流放大电路 Q 点的调整方法。

（2）掌握动态性能的测试方法。

（3）掌握放大电路频率特性的测量。

2. 实训原理

两级共发射极放大电路如图 1-71 所示。

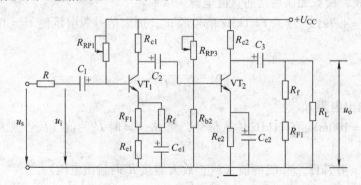

图 1-71　两级共发射极放大电路

3. 实训设备与器件

① +12V 直流电源。

② 函数信号发生器。

③ 双踪示波器。

④ 交流毫伏表。

⑤ 直流电压表。

⑥ 直流毫安表。

⑦ 万用表。

⑧ 晶体管 3DG（$\beta = 30 \sim 50$）、电阻器、电容器若干。

4. 实训内容、步骤及方法

（1）按原理图检查电路及接线　确认接线无误后方可合上电源。

（2）调静态工作点　接通 $U_{cc} = 12V$，调 R_{RP1} 使 $U_{c1} = 10V$ 左右，确定第 1 级 Q_1，调 R_{RP3} 使第二级 Q_2 大致在交流负载线的中点。

（3）测两级放大电路的放大倍数。

1）加入 $u_i = 5mV$，$f = 1kHz$ 的信号，用示波器观察一、二级的 u_{o1}、u_{o2} 波形有无失真。若有，则调 Q_1、Q_2 或减少 u_i，使波形不失真止。

2）在 u_o 不失真的情况下，测量并记录 U_{o1}、U_{o2}，分别计算 A_{u1}、A_{u2} 和 A_u，填写表 1-13。

表　1-13

输入、输出电压			电压放大倍数		
			第一级	第二级	两级
U_i/mV	U_{o1}/mV	U_{o2}/mV	A_{u1}	A_{u2}	A_u

3）接入负载电阻 $R_L = 2.7k\Omega$，测量并记录 U_{o1}、U_o，分别计算 A_{u1}、A_{u2} 和 A_u，填写表 1-14，与上项结果相比较。

表　1-14

输入、输出电压			电压放大倍数		
			第一级	第二级	两级
U_i/mV	U_{o1}/mV	U_{o2}/mV	A_{u1}	A_{u2}	A_u

（4）测量两级放大电路的频率特性　将测量结果填入表 1-15。

表　1-15

f/Hz						
U_o/V						

5. 实训总结

（1）总结两级放大电路 Q 对电压输出波形的影响。

（2）总结两级间的相互影响。

（3）列表整理实训数据，画幅频特性曲线。

（4）写出实训报告。

6. 实训考核要求

见共发射极单管放大器的调试实训考核要求。

拓展学习情境　场效应晶体管

学习目标

➤ 了解场效应晶体管的基本知识。
➤ 了解场效应晶体管的结构。
➤ 理解场效应晶体管的工作原理。
➤ 了解场效应晶体管的工作状态。
➤ 会检测、选用场效应晶体管。

工作任务

➤ 用万用表检测场效应晶体管。
➤ 判别场效应晶体管的质量、极性、类型和工作状态。
➤ 正确使用场效应晶体管。

◆ **问题引入**

晶体管是利用输入电流控制输出电流的半导体器件，因而又称为电流控制型开关。场效应晶体管是一种利用电场效应来控制其电流大小的半导体器件，因而又称为电压控制型器件。场效应晶体管具有体积小、重量轻、耗电少、寿命长等特点，而且还有输入阻抗高、噪声低、热稳定性好、抗辐射能力强和制造工艺简单等优点，因而大大扩展了它的应用范围，特别是在大规模和超大规模集成电路中得到了广泛的应用。

场效应晶体管按结构的不同可分为结型场效应晶体管（J-FET）和绝缘栅型场效应晶体管（MOS-FET）。

💡 **看一看——常用场效应晶体管实物图**

常用场效应晶体管实物图如图 1-72 所示。

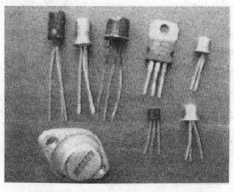

图 1-72　常用场效应晶体管实物图

42

◆　任务描述

 学一学——场效应晶体管

1. 结型场效应晶体管

（1）结构、符号和分类　如图 1-73 所示，结型场效应晶体管也有三个电极：漏极（D）、源极（S）和栅极（G）。它们分别对应于晶体管的集电极（C）、发射极（E）和基极（B）。不同的是场效应晶体管的 D 和 S 两极可以交换，而晶体管的 C 和 E 则不能交换。结型场效应晶体管可分为 P 沟道和 N 沟道两种，在符号中用箭头加以区别。

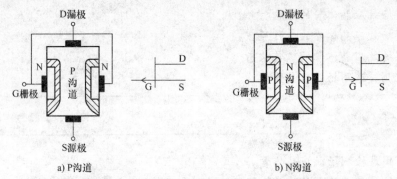

a) P沟道　　　　　　　　　　b) N沟道

图 1-73　结型场效应晶体管的结构与图形符号

（2）工作原理　场效应晶体管是电压控制器件，同样具有电压放大作用，与半导体晶体管的放大作用相似。结型场效应晶体管的工作原理如图 1-74 所示。在场效应晶体管共源极电路中，漏极电流 I_D 受栅源电压 U_{GS} 的控制。分析和实验证明，N 沟道场效应晶体管栅源之间只能加负电压，即 $U_{GS} < 0$ 才能使管子正常工作。图 1-74 中，栅源电压 U_{GS} 的变化，必然会引起 I_D 的变化。只要漏极电阻 R_D 选的合适，即可在 R_D 上获得被放大的电压变化量。

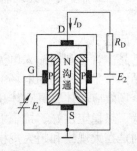

图 1-74　结型场效应晶体管的工作原理

2. 绝缘栅型场效应晶体管

绝缘栅型场效应晶体管是输入电阻高达 $10^{12}\,\Omega$ 的一种栅极与漏极、源极完全绝缘的场效应晶体管。它也有 N 沟道和 P 沟道两类，每一类又分为增强型和耗尽型两种。

（1）符号和分类　四种场效应晶体管的符号如图 1-75 所示。图中除漏极 D，栅极 G 和源极 S 以外还加有衬底，这是因为生产工艺需要而设置的。栅极与沟道不相接触，表示绝缘。箭头表示 N 沟道和 P 沟道，沟道用虚线表示增强型，用实线表示耗尽型。这类场效应晶体管由金属（电极）、氧化物（绝缘层）和半导体组成。技术上用"M"表示金属，"O"表示氧化物，"S"表示半导体，所以又称 MOS 场效应晶体管。N 沟道的场效应晶体管称 NMOS 管，P 沟道的场效应晶体管称 PMOS 管。

（2）结构和工作原理　下面以 N 沟道增强型场效应晶体管为例，简单介绍一下它的结构和工作原理。

1）结构　如图 1-76 所示，它是在一块 P 型硅片上扩散两个 N 型区，并分别从两个 N

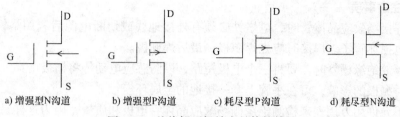

a) 增强型N沟道　　　b) 增强型P沟道　　　c) 耗尽型P沟道　　　d) 耗尽型N沟道

图1-75　绝缘栅型场效应晶体管符号

型区引出两个电极：漏极和源极。在源区和漏区之间的衬底表面覆盖一层很薄的绝缘层，再在绝缘层覆盖一层金属层，形成栅极。因此栅极和其他电极之间是绝缘的，故输入电阻很高。另外，从衬底基片上引出一个电极，称为衬底电极（B）（在分立元件中，常将 B 与源极 S 相连，而在集成电路中 B 与 S 一般不相连）。

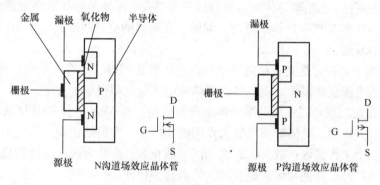

图1-76　增强型场效应晶体管的结构

2）工作原理　如图 1-77 所示，对于 NMOS 场效应晶体管，在栅极没有外加电压时，由前面分析可知，在源极与漏极之间不会有电流流过，此时场效应晶体管处于截止状态（如图 1-77a 所示）。当一个正电压加在 N 沟道的 MOS 场效应晶体管栅极上时，由于电场的作用，此时 N 型半导体的源极和漏极的负电荷被吸引而涌向栅极，但由于氧化膜的阻挡，使得电子聚集在两个 N 沟道之间的 P 型半导体中（如图 1-77b 所示），从而形成电流，使源极和漏极之间导通。可以把两个 N 型半导体之间想象为一条沟，栅极电压的建立相当于为它们之间搭了一座桥梁，该桥梁大小由源栅极间的电压的大小决定。U_{GS} 越大，导电沟道越宽，沟道电阻越小，I_D 越大，这就是增强型 MOS 场效应晶体管 U_{GS} 控制 I_D 的基本原理。

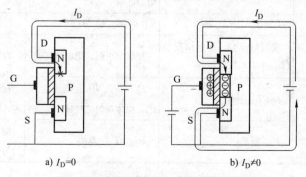

a) $I_D=0$　　　b) $I_D \neq 0$

图1-77　NMOS 场效应晶体管工作原理

3. 使用注意事项

第一　焊接场效应晶体管时，电烙铁必须有外接地线或切断电源后利用烙铁余热焊接，以防烙铁漏电损坏管子。焊接时应先焊源极，最后焊栅极。

第二　存放绝缘栅管时，要将三个电极短路，以防感应电动势将栅极击穿。取用时应注意人体静电对栅极的影响，可在手腕上套一接地的金属环。

第三　不允许用万用表来检测绝缘栅场效应晶体管电极和质量，因为这样易感应电荷形成高压，致使管子击穿，但结型场效应晶体管可以用判定晶体管基极的类似方法来判定栅极，而且源极和漏极不用区分。

小　结

1. 半导体中有两种载流子：自由电子和空穴。半导体分为本征半导体和杂质半导体，杂质半导体分为两种：P 型半导体的多数载流子是空穴；N 型半导体的多数载流子是自由电子。把 P 型半导体和 N 型半导体结合在一起时，在两者的交界面形成一个 PN 结，是制造各种半导体器件的基础。

2. 二极管的主要特点是具有单向导电性。稳压管是利用二极管的反向击穿特性制成的，即流过二极管的电流变化很大，而二极管两端的电压变化却很小。

3. 晶体管是由三层不同性质的半导体组合而成的，有 NPN 型和 PNP 型两种类型，其特点是具有电流放大作用。晶体管实现放大作用的条件是：发射结正偏、集电结反偏。

晶体管有三个工作区域：放大区、饱和区、截止区。在放大区，晶体管具有基极电流控制集电极电流的特性；在饱和区和截止区，具有开关特性。

当 $U_P > U_N$，则称 PN 结正偏，反之称为反偏。（以 NPN 管为例，PNP 管与此相反）

1）$U_C > U_B > U_E$，为发射结正偏、集电结反偏，晶体管工作处于放大状态。

2）$U_B > U_C > U_E$，为发射结正偏、集电结正偏，晶体管工作处于饱和状态。

3）$U_C > U_E > U_B$，为发射结反偏、集电结反偏，晶体管工作处于截止状态。

选用晶体管时要注意晶体管的 β 值、极间反向饱和电流及极限参数的影响。

晶体管截止、放大、饱和工作状态特点见表 1-16。

表 1-16　晶体管截止、放大、饱和工作状态特点（NPN 管）

工作状态		截止	放大	饱和
工作特点	工作区域	$I_B = 0$ 曲线以下的区域	曲线之间间距接近平行等距的区域	
	条件	$I_B = 0$	$0 < I_B < (I_{CS}/\beta)$	$I_B \geqslant (I_{CS}/\beta)$
	偏置情况	发射结反偏，集电结反偏（U_{BE} 小于死区电压）	发射结正偏，集电结反偏	发射结正偏，集电结正偏
	集电极电流	$I_C = I_{CEO} \approx 0$	$I_C = \beta I_B$，有电流放大作用，也体现恒流特征	$I_C = I_{CE} \approx (U_C/R_C)$，$I_C$ 很大，但不受 I_B 控制
	管压降	$U_{CEO} \approx E_C$	$U_{CE} = E_C - I_C R_C$	饱和电压降（U_{CES}）：硅管约为 0.3V，锗管约为 0.1V
	C、E 间等效电阻	很大，相当于开关断开	可变	很小，相当于开关闭合

4. 放大电路是使用最为广泛的电子电路，也是构成其他电子电路的基本单元电路。

放大电路的性能指标主要有放大倍数、输入电阻和输出电阻等。放大倍数是衡量放大能力的指标，输入电阻是衡量放大电路对信号源影响的指标，输出电阻则是反映放大电路带负载能力的指标。

5. 由晶体管组成的基本单元放大电路有共发射极、共集电极和共基极三种基本组态。共发射极放大电路输出电压与输入电压反相，输入电阻和输出电阻大小适中。由于它的电压、电流、功率放大倍数都比较大，适用于一般放大或多级放大电路的中间级。共集电极电路的输出电压与输入电压同相，电压放大倍数小于 1 而近似等于 1，但它具有输入电阻高、输出电阻低的特点，多用于多级放大电路的输入级或输出级。共基极放大电路输出电压与输入电压同相，电压放大倍数较高，输入电阻很小而输出电阻比较大，它适用于高频或宽带放大。放大电路性能指标的分析主要采用微变等效电路。场效应晶体管组成的放大电路与晶体管类似，其分析方法也相似。放大电路三种组态的性能比较见表 1-17。

表 1-17　放大电路三种组态的性能比较

	共发射极组态	共集电极组态	共基极组态
电路画法			
A_u	$-\dfrac{\beta R'_L}{r_{be}}(R'_L = R_c // R_L)$ 较大	$\dfrac{(1+\beta)R'_L}{r_{be}+(1+\beta)R'_L} \approx 1$ 跟随	$\dfrac{\beta R'_L}{r_{be}}(R'_L = R_c // R_L)$ 较大
R_i	$R_i = R_b // r_{be}$ 中等	$R_b // [r_{be}+(1+\beta)R'_L]$ 较高	$R_e // \dfrac{r_{be}}{1+\beta}$ 过低
R_o	R_c 较高	$R_e // \dfrac{r_{be}+R'_s}{1+\beta}$ 较低	R_c 较高
相位	$180°$（u_o 与 u_i 反相）	$0°$（u_o 与 u_i 同相）	$0°$（u_o 与 u_i 同相）
频响	较差	较好	更好些

6. 放大电路的调整与测试主要是进行静态调试和动态调试。静态调试一般采用万用表直流电压挡测量放大电路的直流工作点。动态调试的目的是为了使放大电路的增益、输出电压动态范围、失真、输入和输出电阻等指标达到要求。

通过基本单元电路的调整测试技能训练，应掌握放大电路调整与测试的基本方法，提高独立分析和解决问题的能力。

7. 多级放大电路级与级之间的连接方式有阻容耦合、变压器耦合和直接耦合等。阻容耦合方式由于电容隔断了级间的直流通路，所以它只能用于放大交流信号，各级静态工作点彼此独立。直接耦合可以放大直流信号，也能放大交流信号，适于集成化。但直接耦合存在各级静态工作点互相影响和零点漂移问题。

多级放大电路的放大倍数等于各级放大倍数的乘积，但在计算每一级放大倍数时要考虑前、后级之间的影响。多级放大器的特点见表 1-18。

表 1-18　多级放大器的特点

电路类型	优　点	缺　点	应　用
阻容耦合	各级静态工作点互不干扰，彼此独立，分析和调整电路方便	不适宜传输缓慢变化的信号和直流信号，不利于集成	分立元件电路中应用广泛
变压器耦合	各级静态工作点独立，可进行阻抗变换	变压器制造工艺复杂、价格高、体积大，不宜集成；高、低频率特性都比较差	分立元件功率放大电路中应用广泛
直接耦合	适用于直流信号或变化极其缓慢的信号，低频特性好，易于集成	各级静态工作点相互干扰，有零点漂移现象	集成电路中广泛应用
光耦合	可传输交流信号也可传输直流信号，能实现前后级的电隔离，具有单向传输信号、易与逻辑电路连接、体积小、寿命长、无触点、抗干扰能力强、能隔离杂音、工作温度宽、便于集成等优点		广泛应用在电子技术领域及工业自动控制领域中

8. 场效应晶体管是一种电压控制器件，它是利用栅源电压来控制漏极电流的。场效应晶体管分为结型和绝缘栅型两大类，后者又称为 MOS 场效应晶体管。

习　题

一、填空题

1. 万用表是一种 _____、_____ 便于携带的电工仪表，主要组成部分包括 _____、_____ 和 _____。

2. 用指针式万用表在使用欧姆挡测量有极性电容和半导体器件时，黑表笔接的是万用表内部电池 _____ 极，而红表笔接的是电池 _____ 极。

3. 半导体中存在两种载流子，一种是 _____，另一种是 _____。

4. 常见二极管按材料可分为 _____ 管和 _____ 管，按 PN 结面积大小又可分为 _____ 型、_____ 型和 _____ 型。

5. 二极管的主要特性是具有 _____。硅二极管死区电压约为 _____ V，锗二极管死区电压约为 _____ V。硅二极管导通时管压降约为 _____，锗二极管导通时管压降约为 _____ V。

6. 选用稳压二极管时应着重考虑二极管的 _____ 和 _____ 这两个主要参数。

7. 晶体管按内部基本结构不同可分为 _____ 型和 _____ 型两大类。

8. 晶体管三个引脚的电流关系是 $I_e =$ _____，直流电流放大系数 $\bar{\beta} =$ _____，交流电流放大系数 $\beta =$ _____。

9. 晶体管具有两个 PN 结分别是 _____ 和 _____，三个区分别是 _____、_____ 和 _____。晶体管主要作用是具有 _____ 能力。

10. 当 PNP 型硅管处在放大状态时，在三个电极中 _____ 极电位最高，_____ 极电位最低，$U_{BE} \approx$ _____ V，如果是锗管则 $U_{BE} \approx$ _____ V。

11. 放大电路的静态工作点通常是指 _____、_____、和 _____ 三个直流量。

12. 从放大器 _____ 端看进去 _____ 称为放大器的输入电阻。而放大器的输出电阻是去掉负载 R_L 后，从放大器的 _____ 端看进去的。应用中希望输入电阻 _____ 些输出电阻 _____ 些好。

13. 晶体管组成的三种基本放大电路是 _____、_____ 和 _____。

14. 射极跟随器的特点是（1）_____，（2）_____，（3）_____。

15. 多级放大器的耦合方式有 _____、_____、_____、_____。其中 _____、_____，仅能放大交流信号；_____、_____ 不仅能放大交流信号还能放大直流信号。

16. 放大器的级数越多，则放大器的总电压放大倍数 _____，通频带 _____。

二、选择题

1. 万用表使用完毕，应将转换开关置于（   ）。
   A. 电阻挡　　　　B. 直流电流挡　　C. 交流电流最高挡　　D. 交流电压最高挡

2. 用万用表测量电压时，将表笔（   ）接入被测电路。
   A. 串联　　　　　B. 并联

3. N 型半导体中多数载流子为（   ）。
   A. 中子　　　　　B. 质子　　　　　C. 空穴　　　　　　　D. 电子

4. P 型半导体又称为（   ）。
   A. 电子型半导体　　B. 空穴型半导体

5. 晶体管放大作用的实质，下列说法正确的是（   ）。
   A. 晶体管可把小能量放大成大能量　　B. 晶体管把小电流放大成大电流
   C. 晶体管可把小电压放大成大电压　　D. 晶体管用较小的电流控制较大的电流

6. 放大器的电压放大倍数 $A_u = -40$，其中负号代表（   ）。
   A. 放大倍数小于 0　　　　　　　　B. 衰减
   C. 同相放大　　　　　　　　　　　D. 反相放大

7. 在固定偏置电路中，测晶体管 C 极电位 $U_C \approx U_{CC}$，则放大器晶体管处于（   ）状态。
   A. 放大　　　　　B. 截止　　　　　C. 饱和　　　　　　　D. 不定

8. 晶体管的发射结、集电结均正偏，则晶体管所处的状态是（   ）。
   A. 放大　　　　　B. 截止　　　　　C. 饱和　　　　　　　D. 不定

9. 放大器的通频带指的是（   ）。
   A. 上限频率以下的频率范围　　　　B. 下限以上的频率范围
   C. 下限频率以下的频率范围　　　　D. 上、下限频率之间的频率范围

10. 放大器外接负载电阻 R_L 后，输出电阻 r_o 将（   ）。
    A. 增大　　　　　B. 减小　　　　　C. 不变　　　　　　　D. 等于 R_L

11. 在固定偏置放大电路中，若偏置电阻 R_b 断开，则晶体管（　　）。

　　A. 会饱和　　　　　B. 可能烧毁

　　C. 发射结反偏　　D. 放大波形出现截止失真

12. 放大电路在未输入交流信号时，电路所处工作状态是（　　）。

　　A. 静态　　　　　B. 动态　　　　　C. 放大状态　　　　　D. 截止状态

13. 表示晶体管基极直流电流的符号是（　　）。

　　A. i_B　　　　　B. I_B　　　　　C. i_b　　　　　D. U_i

三、判断题

1. 使用万用表之前，应先进行欧姆挡调零。　　　　　　　　　　　　　　（　　）

2. 用万用表测量直流时，将两表笔串入被测电路，电流从红表笔流入黑表笔流出。（　　）

3. 只要电路中晶体管的 $I_C < I_{Cm}$ 该晶体管就能安全工作。　　　　　　（　　）

4. 二极管的反向漏电流越小，其单向性越好。　　　　　　　　　　　　（　　）

5. 只有给二极管加上反向电压，才能使其处于截止状态。　　　　　　　（　　）

6. 晶体管按用途分为开关管、整流管和检波管。　　　　　　　　　　　（　　）

7. 晶体管由两个 PN 结组成，所以把两个二极管反向串联可构成一只晶体管。（　　）

8. 晶体管的穿透电流 I_{CEO} 越小，其稳定性越好。　　　　　　　　　（　　）

9. 放大器的输入电阻大，有利于减小前一级的负担。　　　　　　　　　（　　）

10. 画直流通路，可将电容和电源视为开路，其他不变。　　　　　　　（　　）

11. 测得基本放大电路中的 3DG6 晶体管的 $U_{BQ} = 2V$、$U_{CQ} = 9V$、$U_{EQ} = 1.7V$，则该晶体管处于正常的放大状态。　　　　　　　　　　　　　　　　　　　（　　）

12. 多级放大器的通频带比组成它的每级放大器的通频带都窄。　　　　（　　）

四、分析题

1. 电路如图 1-78 所示。设二极管为理想的，试判断下列情况下，电路中二极管是导通还是截止，并求出 A、O 两端电压 U_{AO}。（1）$V_{DD1} = 6V$，$V_{DD2} = 12V$；（2）$V_{DD1} = 6V$，$V_{DD2} = -12V$；（3）$V_{DD1} = -6V$，$V_{DD2} = -12V$。

2. 在图 1-79 所示电路中，设 $u_i = 10\sin\omega t$，且二极管具有理想特性，当开关 S 闭合和断开时，试对应画出 u_o 波形。

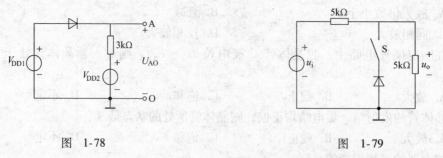

图 1-78　　　　　　　　　　　　　　　　　图 1-79

3. 图 1-80 所示电路中，设二极管是理想的，试根据图中所示输入电压 u_i 的波形，画出输出电压 u_o 的波形。

4. 某人测得晶体管各电极对地的电位如图 1-81 所示，其中 PNP 型晶体管均为锗管，NPN 型晶体管均为硅管。请判定晶体管的工作状态。

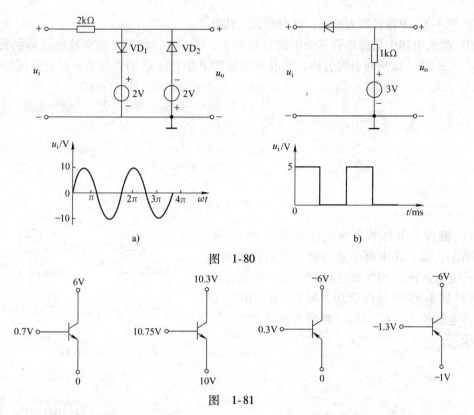

图　1-80

图　1-81

5. 某晶体管三个电极中，1 脚流出电流为 3mA，2 脚流进电流是 2.95mA，3 脚流入电流为 0.05mA，判断各引脚名称，并指出管型。

6. 有两只晶体管，一只 $\beta = 150$，$I_{CEO} = 200\mu A$；另一只 $\beta = 50$，$I_{CEO} = 10\mu A$。其他参数一样。哪只晶体管好？为什么？

7. 某晶体管的极限参数为 $P_{Cm} = 250mW$，$I_{Cm} = 60mA$，$U_{CEO} = 100V$，（1）当 $U_{CE} = 12V$，集电极电流为 25mA 时，问晶体管能否正常工作？（2）当 $U_{CE} = 3V$，集电极电流为 80mA 时，问晶体管能否正常工作？为什么？

8. 分析图 1-82 所示的放大电路存在的问题。

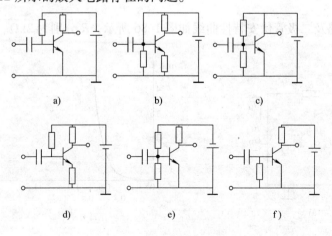

图　1-82

9. 图 1-83 中各管均为硅管，试判断其工作状态。

10. 放大电路中某晶体管三个引脚分别为①、②、③，测得各脚对地电压分别为 $-8V$，$-3V$，$-3.2V$，试判断引脚名称，并说明它是 PNP 型管还是 NPN 型管，是硅管还是锗管？

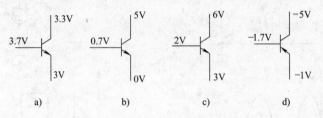

a)   b)   c)   d)

图　1-83

11. 测得某晶体管各极电流如图 1-84 所示。试判断①、②、③中哪个是基极、发射极和集电极，并说明该管是 NPN 型还是 PNP 型，它的 $\beta = ?$

12. 图 1-85 中晶体管均为硅管，$\beta = 100$，试求出各电路的 I_B，I_C，U_{CE}，判断各晶体管工作在什么状态。

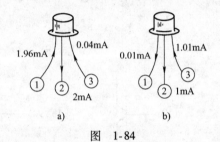

a)   b)

图　1-84

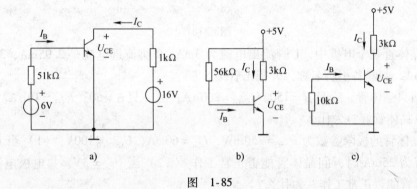

a)   b)   c)

图　1-85

五、计算题

1. 二极管电路及二极管伏安特性曲线如图 1-86 所示，R 分别为 2kΩ、500Ω，用图解法求 I_D、U_D。

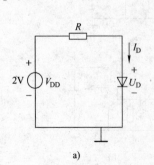

a)

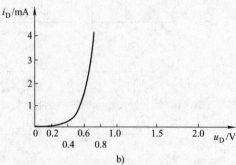

b)

图　1-86

2. 图 1-87 所示电路中，设二极管导通电压 $U_{D(on)}=0.7V$，$u_i=5\sin\omega t$，电容 C 对交流的容抗近似为零，试求二极管两端的电压 u_D 和流过二极管的电流 i_D。

3. 稳压管稳压电路如图 1-88 所示，稳压管的参数为 $U_Z=8.5V$，$I_Z=5mA$，$P_{Zm}=250mW$，输入电压 $U_i=20V$，（1）求 U_o、I_Z；（2）若 U_i 增加 10%，R_L 开路，分析稳压管是否安全；（3）若 U_i 减小 10%，$R_L=1k\Omega$，分析稳压管是否工作在稳压状态。

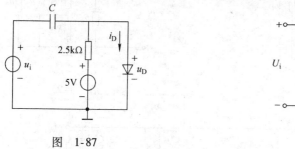

图 1-87

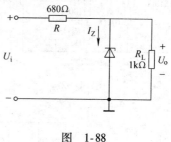

图 1-88

4. 图 1-89 所示电路中，若稳压管 VS_1、VS_2 的稳定电压分别为 $U_{Z1}=8.5V$，$U_{Z2}=6V$，试求 A、B 两端的电压 U_{AB}。

5. 稳压电路如图 1-90 所示，已知稳压管的参数 $U_Z=6V$，$I_Z=10mA$，$I_{Zm}=30mA$，试求：（1）流过稳压管的电流及其耗散的功率；（2）限流电阻 R 所消耗的功率。

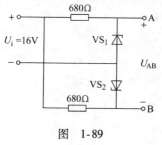

图 1-89

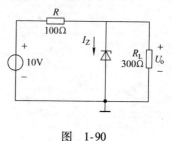

图 1-90

6. 放大电路如图 1-91 所示，电流、电压均为正弦波，已知 $R_s=600\Omega$，$U_s=30mV$，$U_i=20mV$，$R_L=1k\Omega$，$U_o=1.2V$。求该电路的电压、电流、功率放大倍数及其分贝数和输入电阻 R_i；当 R_L 开路时，测得 $U_o=1.8V$，求输出电阻 R_o。

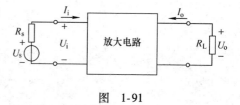

图 1-91

7. 放大电路如图 1-92 所示，已知晶体管 $\beta=100$，$r_{bb}'=200\Omega$，$U_{BEQ}=0.7V$，试：（1）计算静态工作点 I_{BQ}，I_{CQ}，U_{CEQ}；（2）画出微变等效电路，求 A_u、R_i、R_o；（3）求源电压增益 A_{us}。

8. 放大电路如图 1-93 所示，$U_{CC}=12V$，$R_{b1}=15k\Omega$，$R_{b2}=45k\Omega$，$R_c=R_L=6k\Omega$，$R_{e1}=200\Omega$，$R_{e2}=2.2k\Omega$，晶体管的 $\beta=50$，$U_{BE}=0.6V$，各电容的容抗可以忽略不计。（1）画出直流通路、交流通路；（2）估算静态工作点。

9. 已知：设计输出器中，晶体管 $\beta=50$，$U_{BE}=0.7V$，$V_{CC}=12V$，$R_b=510k\Omega$，$R_e=1k\Omega$，$R_L=3k\Omega$，（1）请画出电路图；（2）试估算电路的静态工作点。

10. 根据图 1-94 放大电路回答问题：

（1）电路由几级放大电路构成？说明各级之间采用何种耦合方式。

（2）各级放大电路分别采用哪种偏置电路？

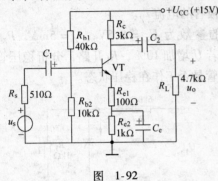

图 1-92

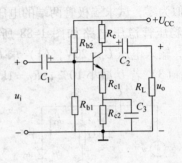

图 1-93

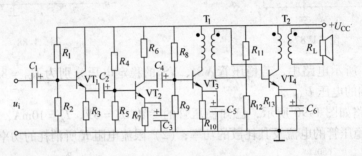

图 1-94

学习情境2　反馈与振荡

学习目标

➢ 掌握正、负反馈的判别，负反馈类型的判定。
➢ 能运用负反馈放大电路的性能。
➢ 掌握深度负反馈放大电路的分析方法。
➢ 了解 RC 振荡电路、LC 振荡电路的工作原理。

工作任务

➢ 负反馈放大器的调试。
➢ RC 正弦波振荡器的调试。
➢ LC 振荡电路。

任务1　认识负反馈对放大电路的作用

◆ **问题引入**

在基本放大电路的实际应用中，对放大电路的要求是多种多样的。在放大电路中引入负反馈，可以使放大电路的性能得到显著改善，满足实际性能要求，所以负反馈放大电路被广泛地应用。利用负反馈技术，用集成运放可构成各种运算电路，根据外接线性反馈元器件的不同，可构成比例、加法、减法、微分、积分等运算电路。

本学习情境从反馈的概念入手，分析负反馈对放大电路性能的改善，讨论深度负反馈放大电路的分析方法。本学习情境所分析的反馈是指人为地通过外部元器件的正确连接所产生的反馈，不讨论在放大电路中诸如晶体管的内反馈所形成的寄生反馈。

💡 **看一看——反馈放大电路具体应用**

反馈放大电路的应用实例——电子扬声器电路如图 1-95 所示。

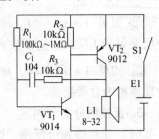

图 1-95　电子扬声器电路

 学一学——反馈的概念

1. 反馈的定义

在电子电路中，把放大电路输出量（电压或电流）的部分或全部，经过一定的电路或元器件反送回到放大电路的输入端，从而牵制输出量，这种措施称为反馈。有反馈的放大电路称为反馈放大电路。

2. 反馈的框图与表达式

（1）反馈电路的一般框图　任意一个反馈放大电路都可以表示为一个基本放大电路和反馈网络组成的闭环系统，其构成如图1-96所示。

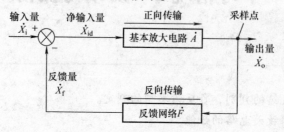

图 1-96　反馈放大电路框图

图中 $\dot{X}_i$、$\dot{X}_{id}$、$\dot{X}_f$、$\dot{X}_o$ 分别表示放大电路的输入信号、净输入信号、反馈信号和输出信号，它们可以是电压量，也可以是电流量。字母上方的圆点表示是复数量。

没有引入反馈时的基本放大电路叫做开环电路，其中 $\dot{A}$ 表示基本放大电路的放大倍数，也称为开环放大倍数。

（2）反馈元器件　在反馈电路中，既与基本放大电路输入回路相连，又与输出回路相连的元器件，以及与反馈支路相连且对反馈信号的大小产生影响的元器件，均称为反馈元器件。

（3）反馈放大电路的一般表达式

1）闭环放大倍数（闭环增益）$\dot{A}_f$　$\dot{A}$ 为开环增益，$\dot{F}$ 为反馈系数，且

$$\dot{X}_i = \dot{X}_{id} + \dot{X}_f, \ \dot{A} = \frac{\dot{X}_o}{\dot{X}_{id}}, \ \dot{F} = \frac{\dot{X}_f}{\dot{X}_o} \tag{1-27}$$

$$\dot{A}_f = \frac{\dot{X}_o}{\dot{X}_i} = \frac{\dot{A}\dot{X}_{id}}{\dot{X}_{id} + \dot{F}\dot{A}\dot{X}_{id}} = \frac{\dot{A}}{1 + \dot{A}\dot{F}} \tag{1-28}$$

2）反馈深度　$|1 + \dot{A}\dot{F}|$ 大小反映了反馈的强弱，称为反馈深度。

① 如果 $|1 + \dot{A}\dot{F}| > 1$，那么 $|\dot{A}_f| < |\dot{A}|$，即加入反馈后，其闭环增益比开环增益小，这类反馈属于负反馈。

② 如果 $|1 + \dot{A}\dot{F}| < 1$，那么 $|\dot{A}_f| > |\dot{A}|$，即加入反馈后，其闭环增益比开环增益大，这类反馈属于正反馈。它使放大电路变得不稳定，所以在放大电路中一般很少使用。

③ 如果 $|1 + \dot{A}\dot{F}| = 0$，那么 $|\dot{A}_f| \to \infty$，即使没有信号输入，也将产生较大输出信号，这种现象称为自激振荡。

3. 反馈的分类与判定

（1）正反馈和负反馈　按照反馈信号极性的不同进行分类，反馈可以分为正反馈和负反馈。

1）定义

正反馈：引入的反馈信号 $\dot{X}_f$ 增强了外加输入信号的作用，使放大电路的净输入信号增

加，导致放大电路的放大倍数提高的反馈。

正反馈主要用于振荡电路、信号产生电路，其他电路中则很少用正反馈。

负反馈：引入的反馈信号 $\dot{X}_f$ 削弱了外加输入信号的作用，使放大电路的净输入信号减小，导致放大电路的放大倍数减小的反馈。

放大电路中经常引入负反馈，以改善放大电路的性能指标。

2）判定方法　常用电压瞬时极性法判定电路中引入反馈的极性。反馈极性的判定如图1-97 所示。具体方法如下：

① 先假定放大电路的输入信号电压处于某一瞬时极性。如用"＋"号表示该点电压的变化是增大；用"－"号表示电压的变化是减小。

② 按照信号单向传输的方向，同时根据各级放大电路输出电压与输入电压的相位关系，确定电路中相关各点电压的瞬时极性。

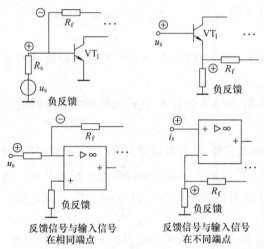

图 1-97　反馈极性的判定

③ 根据反送到输入端的反馈电压信号的瞬时极性，确定是增强还是削弱了原来输入信号的作用。如果是增强，则引入的为正反馈；反之，则为负反馈。

判定反馈的极性时，一般有这样的结论：在放大电路的输入回路，输入信号电压 u_i 和反馈信号电压 u_f 相比较。当输入信号 u_i 和反馈信号 u_f 在相同端点时，如果引入的反馈信号 u_f 和输入信号 u_i 同极性，则为正反馈；若二者的极性相反，则为负反馈。当输入信号 u_i 和反馈信号 u_f 不在相同端点时，若引入的反馈信号 u_f 和输入信号 u_i 同极性，则为负反馈；若二者的极性相反，则为正反馈。

如果反馈放大电路是由单级运算放大器构成，则有反馈信号送回到反相输入端时，为负反馈；反馈信号送回到同相输入端时，为正反馈。

（2）交流反馈和直流反馈　根据反馈信号的性质进行分类，反馈可以分为交流反馈和直流反馈。

1）定义

直流反馈：反馈信号中只包含直流成分。

交流反馈：反馈信号中只包含交流成分。

2）判定方法　交流反馈和直流反馈的判定，可以通过画反馈放大电路的交、直流通路来完成。在直流通路中，如果反馈回路存在，即为直流反馈；在交流通路中，如果反馈回路存在，即为交流反馈；如果在直、交流通路中，反馈回路都存在，即为交、直流反馈。

（3）电压反馈和电流反馈

1）定义

电压反馈：反馈信号从输出电压 u_o 采样。

电流反馈：反馈信号从输出电流 i_o 采样。

2）判定方法　根据定义判定，方法是：令 $u_o = 0$，检查反馈信号是否存在。若不存在，则为电压反馈；否则为电流反馈。

一般电压反馈的采样点与输出电压在相同端点；电流反馈的采样点与输出电压在不同端点。

（4）串联反馈和并联反馈

1）定义

串联反馈：反馈信号 $\dot{X}_f$ 与输入信号 $\dot{X}_i$ 在输入回路中以电压的形式相加减，即在输入回路中彼此串联。

并联反馈：反馈信号 $\dot{X}_f$ 与输入信号 $\dot{X}_i$ 在输入回路中以电流的形式相加减，即在输入回路中彼此并联。

2）判定方法　如果输入信号 $\dot{X}_i$ 与反馈信号 $\dot{X}_f$ 在输入回路的不同端点，则为串联反馈；若输入信号 $\dot{X}_i$ 与反馈信号 $\dot{X}_f$ 在输入回路的相同端点，则为并联反馈。

（5）交流负反馈放大电路的四种组态　图 1-98 ~ 图 1-101 所示为由运算放大器组成的交流负反馈电路。

1）电压串联负反馈　如图 1-98 所示的电路，采样点和输出电压同端点，为电压反馈；反馈信号与输入信号在不同端点，为串联反馈。因此电路引入的反馈为电压串联负反馈。

放大电路引入电压串联负反馈后，通过自身闭环系统的调节，可使输出电压趋于稳定。

电压串联负反馈的特点：输出电压稳定，输出电阻减小，输入电阻增大，具有很强的带负载能力。

2）电压并联负反馈　如图 1-99 所示的电路，采样点和输出电压在同端点，为电压反馈；反馈信号与输入信号在同端点，为并联反馈。因此电路引入的反馈为电压并联负反馈。

电压并联负反馈的特点：输出电压稳定，输出电阻减小，输入电阻减小。

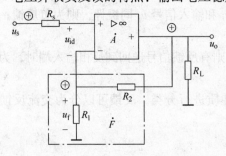

图 1-98　电压串联负反馈

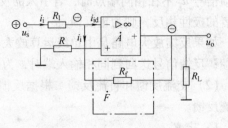

图 1-99　电压并联负反馈

3）电流串联负反馈　如图 1-100 所示的电路，反馈量取自输出电流，且转换为反馈电压，并与输入电压求差后放大，因此电路引入电流串联负反馈。

电流串联负反馈的特点：输出电流稳定，输出电阻增大，输入电阻增大。

4）电流并联负反馈　如图 1-101 所示的电路，反馈信号与输入信号在同端点，为并联反馈；输出电压 $u_o = 0$ 时，反馈信号仍然存在，为电流反馈。因此电路引入的反馈为电流并联负反馈。

电流并联负反馈的特点为：输出电流稳定，输出电阻增大，输入电阻减小。

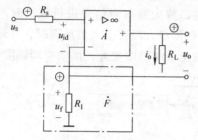

图 1-100　电流串联负反馈

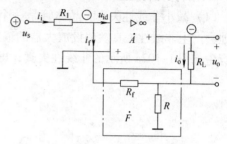

图 1-101　电流并联负反馈

学一学——负反馈的作用

从反馈放大电路的一般表达式可知，电路中引入负反馈后其增益下降，但放大电路的其他性能会得到改善，如提高放大倍数的稳定性、减小非线性失真、抑制噪声干扰、扩展通频带等。

1. 降低开环增益

因为 $|1 + \dot{A}\dot{F}| > 1$，且 $\dot{A}_f = \dfrac{\dot{A}}{1 + \dot{A}\dot{F}}$，所以 $\dot{A}_f = \dfrac{\dot{A}}{1 + \dot{A}\dot{F}} < \dot{A}$　　　　(1-29)

2. 提高增益稳定性

由于负载和环境温度的变化、电源电压的波动和元器件老化等因素，放大电路的放大倍数会发生变化。通常用放大倍数相对变化量的大小来表示放大倍数稳定性的优劣，相对变化量越小，则稳定性越好。

设信号频率为中频，则上式中各量均可为实数。对上式求微分，可得

$$\dfrac{\mathrm{d}\dot{A}_f}{\dot{A}_f} = \dfrac{1}{1 + \dot{A}\dot{F}}\dfrac{\mathrm{d}\dot{A}}{\dot{A}} \qquad (1-30)$$

可见，引入负反馈后放大倍数的相对变化量 $\dfrac{\mathrm{d}\dot{A}_f}{\dot{A}_f}$ 为未引入负反馈时的相对变化量 $\dfrac{\mathrm{d}\dot{A}}{\dot{A}}$ 的 $\dfrac{1}{1 + \dot{A}\dot{F}}$，即放大倍数的稳定性提高到未加负反馈时的 $|1 + \dot{A}\dot{F}|$ 倍。

当反馈深度 $|1 + \dot{A}\dot{F}| \gg 1$ 时称为深度负反馈，这时 $\dot{A}_f = \dfrac{1}{\dot{F}}$，说明深度负反馈时，放大倍数基本上由反馈网络决定，而反馈网络一般由电阻等性能稳定的无源线性元件组成，基本不

受外界因素变化的影响，因此放大倍数比较稳定。

闭环放大电路增益的相对变化量是开环放大电路增益相对变化量的 $\dfrac{1}{|1+\dot{A}\dot{F}|}$。即负反馈电路的反馈越深，放大电路的增益也就越稳定。

前面的分析表明，电压负反馈使输出电压稳定，电流负反馈使输出电流稳定，即在输入一定的情况下，可以维持放大器增益的稳定。

3. 减弱内部失真

（1）减小非线性失真　晶体管是一个非线性器件，放大器在对信号进行放大时不可避免地会产生非线性失真。假设放大器的输入信号为正弦信号，没有引入负反馈时，开环放大器产生如图 1-102a 所示的非线性失真，即输出信号的正半周幅度变大，而负半周幅度变小。

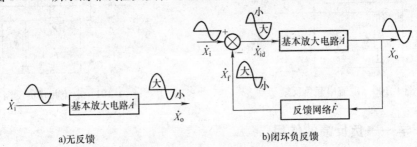

a)无反馈　　　　　　　　b)闭环负反馈

图 1-102　引入负反馈减小失真

现在引入负反馈，假设反馈网络为不会引起失真的线性网络，则反馈回的信号同输出信号的波形一样。反馈信号在输入端与输入信号相比较，使净输入信号 $\dot{X}_{id} = \dot{X}_i - \dot{X}_f$ 的波形正半周幅度变小，而负半周幅度变大，如图 1-102b 所示。经基本放大电路放大后，输出信号趋于正、负半周对称的正弦波，从而减小了非线性失真。

注意，引入负反馈减小的是环路内的失真。如果输入信号本身有失真，此时引入负反馈的作用不大。

（2）抑制环路内的噪声和干扰　在反馈环内，放大电路本身产生的噪声和干扰信号，可以通过负反馈进行抑制，其原理与减小非线性失真的原理相同。但对反馈环外的噪声和干扰信号，引入负反馈也无能为力。

4. 展宽通频带

频率特性是放大电路的重要特性之一。在多级放大电路中，级数越多，增益越大，频带越窄。引入负反馈后，可有效扩展放大电路的通频带。

图 1-103 所示为放大器引入负反馈后通频带的变化。根据上、下限频率的定义，从图中可见，放大器引入负反馈以后，其下限频率降低，上限频率升高，通频带变宽。

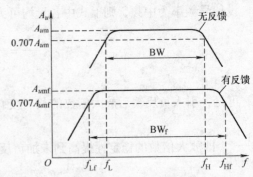

图 1-103　负反馈扩展频带

5. 输入电阻的改变

负反馈对输入电阻的影响仅取决于反馈网络与输入端的连接方式，与输出端无关。

（1）串联负反馈　图 1-104a 是串联负反馈的框图，R_i 为无负反馈时放大电路的输入电阻，且 $R_i = \dot{U}_{id} / \dot{I}_i$，$R_{if}$ 为有负反馈时放大电路的输入电阻，可以得出

$$R_{if} = \frac{\dot{U}_i}{\dot{I}_i} = \frac{\dot{U}_{id} + \dot{U}_f}{\dot{I}_i} = \frac{\dot{U}_{id} + \dot{A}\dot{F}\dot{U}_{id}}{\dot{I}_i} = (1 + \dot{A}\dot{F})R_i \qquad (1\text{-}31)$$

式（1-31）表明，引入串联负反馈后，输入电阻是未引入负反馈时输入电阻的 $(1 + \dot{A}\dot{F})$ 倍。这是由于引入负反馈后，输入信号与反馈信号串联连接。从图 1-104 中可看出，等效的输入电阻相当于原开环放大电路的输入电阻与反馈网络串联，其结果必然使输入电阻增大。所以，串联负反馈使输入电阻增大。

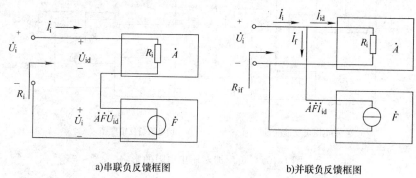

a)串联负反馈框图　　　　b)并联负反馈框图

图 1-104　负反馈对输入电阻的影响

（2）并联负反馈　图 1-104b 是并联负反馈的框图，R_i 为无负反馈时放大电路的输入电阻，且 $R_i = \dot{U}_{id} / \dot{I}_{id}$，$R_{if}$ 为有负反馈时放大电路的输入电阻，可以得出

$$R_{if} = \frac{\dot{U}_i}{\dot{I}_i} = \frac{\dot{U}_{id}}{\dot{I}_{id} + \dot{I}_f} = \frac{\dot{U}_{id}}{\dot{I}_{id} + \dot{A}\dot{F}\dot{I}_{id}} = \frac{R_i}{1 + \dot{A}\dot{F}} \qquad (1\text{-}32)$$

式（1-32）表明，引入并联负反馈后，输入电阻是未引入负反馈时输入电阻的 $\dfrac{1}{1 + \dot{A}\dot{F}}$ 倍。这是由于引入负反馈后，输入信号与反馈信号并联连接。从图 1-104b 中可看出，等效的输入电阻相当于原开环放大电路的输入电阻与反馈网络并联，其结果必然使输入电阻减小。所以，并联负反馈使输入电阻减小。

6. 输出电阻的改变

（1）电压负反馈　图 1-105a 是电压负反馈的框图。R_o 为无负反馈时放大电路的输出电阻，R_{of} 为有负反馈时放大电路的输出电阻。按照求输出电阻的方法，令输入信号为零（$\dot{U}_i = 0$ 或 $\dot{I}_i = 0$）时，在输出端（去掉负载电阻 R_L）外加电压源 $\dot{U}_o$，无论是串联反馈还是并联反馈，反馈信号和净输入信号的关系：$\dot{X}_{id} = -\dot{X}_f$ 均成立，即 $\dot{A}\dot{X}_{id} = -\dot{A}\dot{X}_f = -\dot{U}_o\dot{F}\dot{A}$，所以，有

$$\dot{I}_o = \frac{\dot{U}_o - \dot{A}\dot{X}_{id}}{R_o} = \frac{\dot{U}_o + \dot{U}_o\dot{A}\dot{F}}{R_o}$$

可以得出

$$R_{of} = \frac{\dot{U}_o}{\dot{I}_o} = \frac{R_o}{1 + \dot{A}\dot{F}} \qquad (1\text{-}33)$$

式（1-33）表明，引入电压负反馈后，输出电阻是未引入负反馈时输出电阻的 $\dfrac{1}{1 + \dot{A}\dot{F}}$ 倍。这是由于引入负反馈后，对于负载 R_L 来说，从输出端看进去，等效的输出电阻相当于原开环放大电路输出电阻与反馈网络并联，其结果必然使输出电阻减小。所以，电压负反馈使输出电阻减小。

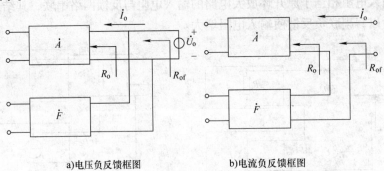

a)电压负反馈框图　　　　　　　　b)电流负反馈框图

图 1-105　负反馈对输出电阻的影响

（2）电流负反馈　图 1-105b 是电流负反馈的框图。对于负载 R_L 来说，从输出端看进去，等效的输出电阻相当于原开环放大电路输出电阻与反馈网络串联，其结果必然使输出电阻增大。经分析，两者的关系为

$$R_{of} = (1 + \dot{A}\dot{F})R_o$$

即引入电流负反馈后的输出电阻是开环输出电阻的 $(1 + \dot{A}\dot{F})$ 倍。所以，电流负反馈使输出电阻增大。

需要注意的是，在讨论负反馈放大电路的输入电阻和输出电阻时，还要考虑反馈环节以外的电阻。

7. 总结

（1）放大电路引入负反馈的一般原则

1）要稳定放大电路的静态工作点 Q，应该引入直流负反馈。

2）要改善放大电路的动态性能（如增益的稳定性、稳定输出量、减小失真、扩展频带等），应该引入交流负反馈。

3）要稳定输出电压，减小输出电阻，提高电路的带负载能力，应引入电压负反馈。

4）要稳定输出电流，增大输出电阻，应该引入电流负反馈。

5）要提高电路的输入电阻，减小电路向信号源索取的电流，应该引入串联负反馈。

6）要减小电路的输入电阻，应该引入并联负反馈。

注意，在多级放大电路中，为了达到改善放大电路性能的目的，所引入的负反馈一般为级间反馈。

（2）负反馈放大电路的稳定问题

1）自激振荡产生的原因　由图 1-96 所示可知，负反馈放大电路的一般表达式为

$$\dot{A}_{\mathrm{f}} = \frac{\dot{A}}{1 + \dot{A}\dot{F}}$$

在中频段，由于 $\dot{A}\dot{F} > 0$，$\dot{A}$ 和 $\dot{F}$ 的相角 $\varphi_A + \varphi_F = 2n\pi$（$n$ 为整数），因此净输入量 $\dot{X}_{\mathrm{id}}$、输入量 $\dot{X}_{\mathrm{i}}$ 和反馈量 $\dot{X}_{\mathrm{f}}$ 之间的关系为

$$|\dot{X}_{\mathrm{id}}| = |\dot{X}_{\mathrm{i}}| - |\dot{X}_{\mathrm{f}}|$$

在低频段，因为耦合电容、旁路电容的存在，$\dot{A}\dot{F}$ 将产生超前相移；在高频段，因为半导体元件极间电容的存在，$\dot{A}\dot{F}$ 将产生滞后相移；在中频段相位关系的基础上所产生的这些相移称为附加相移，用 $(\varphi_A' + \varphi_F')$ 来表示。当某一频率 f_0 的信号使附加相移 $(\varphi_A' + \varphi_F') = n\pi$（$n$ 为奇数）时，反馈量 $\dot{X}_{\mathrm{f}}$ 与中频段相比产生超前或滞后180°的附加相移，因而使净输入量

$$|\dot{X}_{\mathrm{id}}| = |\dot{X}_{\mathrm{i}}| + |\dot{X}_{\mathrm{f}}|$$

于是输出量 $|\dot{X}_{\mathrm{o}}|$ 也随之增大，反馈的结果使放大倍数增大。

若在输入信号为零时，因为某种电扰动（如通电），其中含有频率为 f_0 的信号，使 $\varphi_A' + \varphi_F' = \pm\pi$，由此产生了输出信号 $\dot{X}_{\mathrm{o}}$；则根据上式，$|\dot{X}_{\mathrm{o}}|$ 将不断增大。其过程如下：

$$|\dot{X}_{\mathrm{o}}| \uparrow \rightarrow |\dot{X}_{\mathrm{f}}| \uparrow \rightarrow |\dot{X}_{\mathrm{id}}| \uparrow \rightarrow |\dot{X}_{\mathrm{o}}| \uparrow\uparrow$$

由于半导体器件的非线性特性，若电路最终达到动态平衡，即反馈信号（也就是净输出信号）维持着输出信号，而输出信号又维持着反馈信号，它们相互依存，则称电路产生了自激振荡。

可见，电路产生自激振荡时，输出信号有其特定的频率 f_0 和一定的幅值，且振荡频率 f_0 必在电路的低频段或高频段。而电路一旦产生自激振荡将无法正常放大，电路处于不稳定状态。

2）自激振荡的平衡条件　　在电路产生自激振荡时，由于 $\dot{X}_{\mathrm{o}}$ 与 $\dot{X}_{\mathrm{f}}$ 相互维持，所以

$$\dot{X}_{\mathrm{o}} = \dot{A}\dot{X}_{\mathrm{id}} = -\dot{A}\dot{F}\dot{X}_{\mathrm{o}}$$

即

$$\dot{A}\dot{F} = -1$$

可写成模及相角形式

$$|\dot{A}\dot{F}| = 1 \tag{1-34a}$$

$$\varphi_A + \varphi_F = (2n+1)\pi \quad (n \text{ 为整数}) \tag{1-34b}$$

上式称为自激振荡的平衡条件，式（1-34a）为幅值平衡条件，式（1-34b）为相位平衡条件，简称幅值条件和相位条件。只有同时满足上述两个条件，电路才会产生自激振荡。在起振过程中，$|\dot{X}_{\mathrm{o}}|$ 有一个从小到大的过程，故起振条件为

$$|\dot{A}\dot{F}| > 1 \tag{1-35}$$

3）负反馈放大电路稳定工作的条件　　自激振荡的两个条件不能同时满足，这样可以保证反馈放大电路稳定地工作。

4）消除自激振荡常用的方法　　图1-106所示为三种消除自激振荡的方法。

① 电容滞后相位补偿法。

② RC 滞后相位补偿法。

③ RC 元件反馈补偿法。

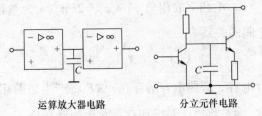

运算放大器电路   分立元件电路

a)电容滞后相位补偿法

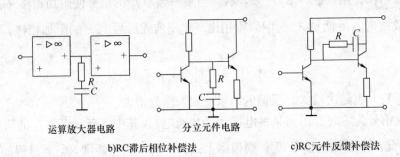

运算放大器电路   分立元件电路

b)RC滞后相位补偿法   c)RC元件反馈补偿法

图 1-106 三种消除自激振荡的方法

练一练——负反馈放大器

1. 实训目标

（1）加深理解放大电路中引入负反馈的方法。

（2）掌握负反馈对放大器各项性能指标的影响。

2. 实训原理

负反馈在电子电路中有着非常广泛的应用，虽然它使放大器的放大倍数降低，但能在多方面改善放大器的动态指标，如稳定放大倍数，改变输入、输出电阻，减小非线性失真和展宽通频带等。因此，几乎所有的实用放大器都带有负反馈。

负反馈放大器有四种组态，即电压串联、电压并联、电流串联、电流并联。本实训以电压串联负反馈为例，分析负反馈对放大器各项性能指标的影响。

（1）图 1-107 所示为带有电压串联负反馈的两级阻容耦合放大电路。在电路中通过 R_f 把输出电压 $\dot{U}_o$ 引回到输入端，加在晶体管 VT_1 的发射极上，在发射极电阻 R_{F1} 上形成反馈电压 $\dot{U}_f$。根据反馈的判断法可知，它属于电压串联负反馈。

1）闭环电压放大倍数

$$\dot{A}_f = \frac{\dot{A}}{1 + \dot{A}\dot{F}}$$

式中 $\dot{A} = \dfrac{\dot{U}_o}{\dot{U}_i}$ ——基本放大器（无反馈）的电压放大倍数，即开环电压放大倍数。

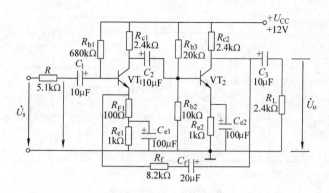

图 1-107　带有电压串联负反馈的两级阻容耦合放大器

2）反馈系数

$$\dot{F} = \frac{R_{F1}}{R_f + R_{F1}}$$

3）输入电阻

$$R_{if} = (1 + \dot{A}\dot{F})R_i$$

式中　R_i——基本放大器的输入电阻。

4）输出电阻

$$R_{of} = \frac{R_o}{1 + \dot{A}_o\dot{F}}$$

式中　R_o——基本放大器的输出电阻；

　　　$\dot{A}_o$——基本放大器 $R_L = \infty$ 时的电压放大倍数。

（2）本实训还需要测量基本放大器的动态参数。怎样实现无反馈而得到基本放大器呢？不能简单地断开反馈支路，而是要去掉反馈作用，但又要把反馈网络的影响（负载效应）考虑到基本放大器中去。为此：

1）在画基本放大器的输入回路时，因为是电压负反馈，所以可将负反馈放大器的输出端交流短路，即令 $\dot{U}_o = 0$，此时 R_f 相当于并联在 R_{F1} 上。

2）在画基本放大器的输出回路时，由于输入端是串联负反馈，因此需将反馈放大器的输入端（VT_1 管的发射极）开路，此时（$R_f + R_{F1}$）相当于并接在输出端。可近似认为 R_f 并接在输出端。

根据上述规律，就可得到所要求的如图 1-108 所示的基本放大器。

3. 实训设备与器件

① +12V 直流电源。

② 函数信号发生器。

③ 双踪示波器。

④ 频率计。

⑤ 交流毫伏表。

⑥ 直流电压表。

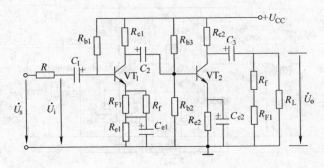

图 1-108　基本放大器

⑦ 晶体管 3DG6 × 2(β = 50 ~ 100) 或 9011 × 2。

⑧ 电阻器、电容器若干。

4. 实训内容、步骤及方法

（1）测量静态工作点　按图 1-107 连接实训电路，取 U_{CC} = +12V，U_i = 0，用直流电压表分别测量第一级、第二级的静态工作点，记入表 1-19。

表　1-19

	U_B/V	U_E/V	U_C/V	I_C/mA
第一级				
第二级				

（2）测试基本放大器的各项性能指标　将实训电路按图 1-108 改接，即把 R_f 断开后分别并在 R_{F1} 和 R_L 上，其他连线不动。

1）测量中频电压放大倍数 A，输入电阻 R_i 和输出电阻 R_o。

① 以 f = 1kHz，U_s 约 5mV 正弦信号输入放大器，用示波器监视输出波形 u_o，在 u_o 不失真的情况下，用交流毫伏表测量 U_s、U_i、U_L，记入表 1-20。

表　1-20

基本放大器	U_s/mV	U_i/mV	U_L/V	U_o/V	A	R_i/kΩ	R_o/kΩ
负反馈放大器	U_s/mv	U_i/mv	U_L/V	U_o/V	A_f	R_{if}/kΩ	R_{of}/kΩ

② 保持 U_s 不变，断开负载电阻 R_L（注意，R_f 不要断开），测量空载时的输出电压 U_o，记入表 1-20。

2）测量通频带　接上 R_L，保持①中的 U_s 不变，然后增加和减小输入信号的频率，找出上、下限频率 f_H 和 f_L，记入表 1-21。

（3）测试负反馈放大器的各项性能指标　将实训电路恢复为图 1-107 的负反馈放大电路。适当加大 U_s（约 10mV），在输出波形不失真的条件下，测量负反馈放大器的 A_f、R_{if} 和 R_{of}，记入表 1-20；测量 f_{Hf} 和 f_{Lf}，记入表 1-21。

表 1-21

基本放大器	f_L/kHz	f_H/kHz	$\Delta f/kHz$
负反馈放大器	f_{Lf}/kHz	f_{Hf}/kHz	$\Delta f_f/kHz$

（4）观察负反馈对非线性失真的改善

1）实训电路改接成基本放大器形式，在输入端加入 $f = 1kHz$ 的正弦信号，输出端接示波器，逐渐增大输入信号的幅度，使输出波形开始出现失真，记下此时的波形和输出电压的幅度。

2）再将实训电路改接成负反馈放大器形式，增大输入信号幅度，使输出电压幅度的大小与 1）相同，比较有负反馈时，输出波形的变化。

5. 实训总结

（1）将基本放大器和负反馈放大器动态参数的实测值和理论估算值列表进行比较。

（2）根据实训结果，总结电压串联负反馈对放大器性能的影响。

（3）写出实训报告。

6. 实训考核要求

见共发射极单管放大器的调试实训考核要求。

任务 2　RC 振荡电路

◆　**问题引入**

放大电路在某些条件下会形成正反馈，产生自激振荡，干扰电路正常工作，需加以防范。但是利用正反馈放大形成正弦波振荡又可以产生稳定的正弦波信号，为人们提供标准的信号源。如果再通过运放的积分和微分变换，又可以将正弦波变为矩形波或三角波；调节电容充、放电时间，还可将三角波变为锯齿形扫描信号波形，从而实现多种非正弦信号的获取。

💡 **看一看——正弦波信号振荡电路框图**

正弦波信号振荡电路框图如图 1-109 所示。

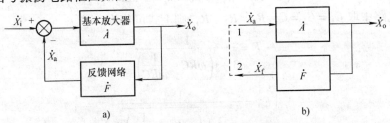

a)　　　　　　　　　　　　　　　b)

图 1-109　正弦波信号振荡电路框图

❓ **学一学——RC 振荡电路**

1. 正弦波振荡的概念

（1）振荡电路的正弦波信号产生条件　正弦波振荡电路是一个没有输入信号的带选频

环节的正反馈放大电路。

1）正弦波振荡的平衡条件　作为一个稳态振荡电路，相位平衡条件和振幅平衡条件必须同时得到满足。

2）正弦波振荡的起振条件　正弦波振荡的起振条件为 $|\dot{A}\dot{F}| > 1$。

（2）正弦波信号振荡电路的组成　一个正弦波振荡器主要由以下几个部分组成。

1）放大电路。

2）正反馈网络。

3）选频网络。

4）稳幅环节。

（3）正弦波信号振荡电路的分类　根据选频网络构成元件的不同，可把正弦波信号振荡电路分为如下几类：选频网络若由 RC 元件组成，则称为 RC 振荡电路；选频网络若由 LC 元件组成，则称为 LC 振荡电路；选频网络若由石英晶体构成，则称为石英晶体振荡器。

2. RC 串并联选频特性

采用 RC 选频网络构成的 RC 振荡电路，一般用于产生 1Hz ~ 1MHz 的低频信号。

由相同的 RC 元件组成的串并联选频网络如图 1-110 所示。设 R_1、C_1 的串联阻抗为 Z_1；R_2 和 C_2 的并联阻抗为 Z_2，那么有

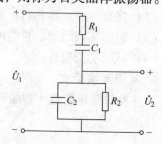

图 1-110　RC 串并联选频网络

$$Z_1 = R_1 + \frac{1}{j\omega C_1} \quad Z_2 = \frac{R_2}{1 + j\omega C_2 R_2} \qquad (1\text{-}36)$$

输出电压 $\dot{U}_2$ 与输入电压 $\dot{U}_1$ 之比为 RC 串并联网络传输系数，用 $\dot{F}$ 表示，则

$$\dot{F} = \frac{\dot{U}_2}{\dot{U}_1} = \frac{Z_2}{Z_1 + Z_2} = \frac{\dfrac{R_2}{1 + j\omega C_2 R_2}}{R_1 + \dfrac{1}{j\omega C_1} + \dfrac{R_2}{1 + j\omega C_2 R_2}}$$

$$= \frac{1}{\left(1 + \dfrac{R_1}{R_2} + \dfrac{C_2}{C_1}\right) + j\left(\omega R_1 C_2 - \dfrac{1}{\omega R_2 C_1}\right)} \qquad (1\text{-}37)$$

在实际电路中取 $C_1 = C_2 = C$，$R_1 = R_2 = R$，则上式可化为

$$\dot{F} = \frac{1}{3 + j\left(\omega RC - \dfrac{1}{\omega RC}\right)} \qquad (1\text{-}38)$$

其模

$$|\dot{F}| = \frac{1}{\sqrt{3^2 + \left(\omega RC - \dfrac{1}{\omega RC}\right)^2}} \qquad (1\text{-}39)$$

相角

$$\varphi = -\arctan\frac{\omega RC - \dfrac{1}{\omega RC}}{3}$$

据此可作出 RC 串并联网络的频率特性，如图 1-111 所示。

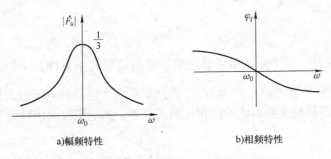

a)幅频特性　　　　　　b)相频特性

图 1-111　RC 串并联选频网络的频率特性

令 $\omega_0 = 2\pi f_0 = \dfrac{1}{RC}$，即 $f_0 = \dfrac{1}{2\pi RC}$，则

$$|\dot F| = \frac{1}{\sqrt{3^2 + \left(\dfrac{\omega}{\omega_0} - \dfrac{\omega_0}{\omega}\right)^2}}$$

$$\varphi = -\arctan\frac{\dfrac{\omega}{\omega_0} - \dfrac{\omega_0}{\omega}}{3} \tag{1-40}$$

当 $\omega \neq \omega_0$ 时，$|\dot F| < 1/3$，且 $\varphi \neq 0$ 此时输出电压相位滞后或超前输入电压，当 $\omega = \omega_0$ 时，$\dot F$ 的幅值为最大，$|\dot F| = 1/3$，且 $\dot F$ 的相角为零，即 $\varphi = 0$。

3. RC 桥式振荡及稳幅措施

（1）RC 桥式振荡电路的组成　将 RC 串并联选频网络和放大器结合起来即可构成 RC 振荡电路。放大器件可采用集成运算放大器，也可由分立元件构成。图 1-112 所示为由集成运算放大器构成的 RC 桥式振荡电路，图中 RC 串并联选频网络接在运算放大器的输出端和同相输入端之间，构成正反馈。

R_f 和 R_1 接在运算放大器的输出端和反相输入端之间，构成负反馈。正反馈电路与负反馈电路构成一文氏电桥电路，运算放大器的输入端和输出端分别跨接在电桥的对角线上，形成四臂电桥。所以，把这种振荡电路称为 RC 桥式振荡电路。

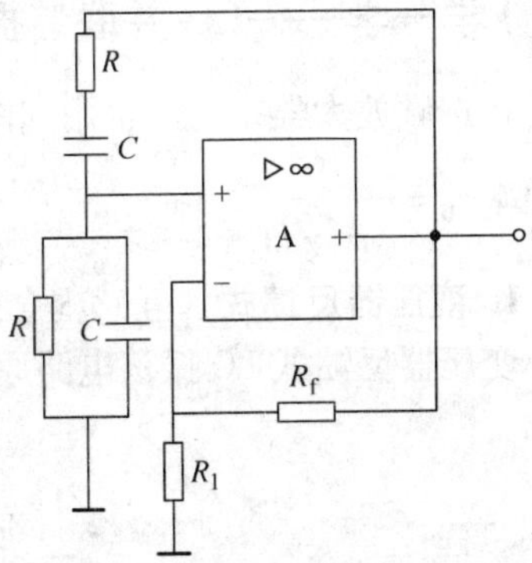

（2）RC 桥式振荡电路的振荡特性

1）振荡的建立过程　在图 1-112 中，集成运算放大器组成一个同相放大器，故 $\varphi_A = 0$。

2）相位平衡条件　RC 串并联网络构成选频和反馈网络。同相放大器的输出电压 u_o 作为 RC 串并联网络的

图 1-112　RC 桥式振荡电路

输入电压，而将 RC 串并联网络的输出电压作为放大器的输入电压。由 RC 串并联网络的选频特性可知，当 $\omega = \omega_0$ 时，其相位移 $\varphi_A = 0$，所以，此时电路的总相位移为 $\varphi_{AF} = \varphi_A + \varphi_F = \pm 2n\pi$ 满足振荡电路相位平衡条件，而对于其他频率的信号，RC 串并联网络的相位移不为零，不满足相位平衡条件。

3）振荡频率　由此可以得出，RC 桥式正弦波振荡电路的振荡频率为

$$f_0 = \frac{1}{2\pi RC} \tag{1-41}$$

4）振幅平衡条件　为了使电路能够振荡，还应满足起振条件 $|\dot{A}\dot{F}| > 1$。由于 RC 串并联网络在 $f = f_0$ 时传输系数的模 $|\dot{F}| = 1/3$。因此要求放大电路的电压放大倍数 $A_u > 3$，由于放大电路是由集成运算放大器构成的同相比例运算器，其电压放大倍数为

$$A_u = 1 + \frac{R_f}{R_1} \tag{1-42}$$

故 $A_u = (1 + R_f/R_1) > 3$，即 $R_f > 2R_1$，这就是该电路起振条件的具体表示式。

5）稳幅过程　为了得到稳定的不失真输出波形，可以用二极管和电阻构成限幅电路，串接在负反馈支路中，实现自动稳幅的作用。

6）RC 桥式正弦波振荡电路中振荡频率的调节　负反馈支路中采用热敏电阻后不但使 RC 桥式振荡电路的起振容易，振幅波形改善，同时还具有很好的稳幅特性，所以，实用 RC 桥式振荡电路中热敏电阻的选择是很重要的。RC 桥式正弦波振荡电路输出电压稳定，波形失真小，频率调节方便，因此，在低频标准信号发生器中都有由它构成的振荡电路。

任务 3　LC 振荡电路

◆　问题引入

若正弦振荡电路选频网络由 LC 谐振元件组成，则称为 LC 正弦波振荡电路。LC 振荡电路产生频率高于 1MHz 的高频正弦信号。根据反馈形式的不同，LC 正弦波振荡电路可分为互感耦合式（变压器反馈式）、电感三点式、电容三点式等几种电路形式。

💡 看一看——LC 并联谐振回路及其谐振曲线

LC 并联谐振回路及其谐振曲线如图 1-113 所示。

❓ 学一学——LC 并联谐振回路

在选频放大器中，经常用到图 1-113 所示的 LC 并联谐振回路。谐振阻抗 $Z_0 = L/rC$，谐振频率 $f_0 = \frac{1}{2\pi \sqrt{LC}}$。

1. 变压器反馈式（互感耦合式）LC 振荡电路

变压器反馈式 LC 振荡电路原理图如图 1-114 所示。

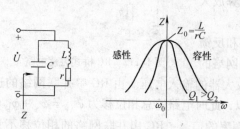

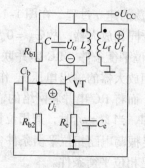

图 1-113　LC 并联谐振回路及谐振曲线　　　　图 1-114　变压器反馈式 LC 振荡电路

谐振频率 $f_0 \approx \dfrac{1}{2\pi\sqrt{LC}}$

2. 三点式振荡器

三点式振荡电路的连接规律如下：对于振荡器的交流通路，与晶体管的发射极或者运放的同相输入端相连的 LC 回路元件，其电抗性质相同（同是电感或同为电容）；与晶体管的基极和集电极或者运放的反相输入端和输出端相连的元件，其电抗性质必相反（一个为电感，另一个为电容）。可以证明，这样连接的三点式振荡电路一定满足振荡器的相位平衡条件。

（1）电感三点式 LC 振荡电路　电感三点式振荡电路又称为哈特莱（Hartley）电路，如图 1-115 所示。

$$f_0 = \frac{1}{2\pi\sqrt{LC}} = \frac{1}{2\pi\sqrt{(L_1 + L_2 + 2M)C}}$$

式中的 M 为互感系数。

由于 L_1 和 L_2 耦合紧密，正反馈较强，故容易起振。改变电容，可方便地调节振荡频率。缺点是不能抑制高次谐波的反馈，信号波形较差。

（2）电容三点式 LC 振荡电路　电容三点式 LC 振荡电路又称为考毕兹（Colpitts）电路，电路如图 1-116 所示。由图可见，其电路构成与电感三点式振荡电路基本相同，不过正反馈选频网络由电容 C_1、C_2 和电感 L 构成，反馈信号 U_f 取自电容 C_2 两端，故称为电容三点式振荡电路，也称为电容反馈式振荡电路。

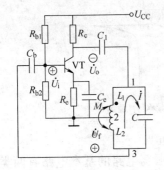

图 1-115　电感三点式 LC 振荡电路

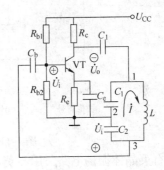

图 1-116　电容三点式 LC 振荡电路

$$f_0 = \frac{1}{2\pi\sqrt{LC}} = \frac{1}{2\pi\sqrt{L\left(\dfrac{C_1 C_2}{C_1 + C_2}\right)}}$$

图 1-117 所示为改进型电容三点式 LC 振荡电路，又称克拉泼（Clapp）电路。与图 1-116 相比，仅在电感支路串入了一个容量很小的微调电容 C_3，当 $C_3 \ll C_1$，且 $C_3 \ll C_2$ 时，谐振电容 $C \approx C_3$，$f_0 \approx$ $\dfrac{1}{2\pi\sqrt{LC_3}}$。

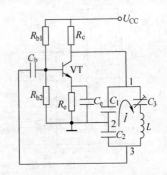

分析三种 LC 正弦波振荡电路能否正常工作的步骤为：

1）检查电路是否具备正弦波振荡器的基本组成

图 1-117　改进型电容三点式 LC 振荡电路

部分，即基本放大器和反馈网络，并且有选频环节。

2）检查放大器的偏置电路，看静态工作点是否能确保放大器正常工作。

3）分析振荡器是否满足振幅平衡条件和相位平衡条件（主要看是否满足相位平衡条件，即用瞬时极性法判别是否存在正反馈）。

3. 石英晶体振荡电路

（1）石英晶体的基本特性和等效电路　天然的石英是六菱形晶体，其化学成分是二氧化硅（SiO_2）。石英晶体具有非常稳定的物理和化学性能。从一块石英晶体上按一定的方位角切割，得到的薄片称"晶片"。晶片通常是矩形，也有正方形。在晶片两个对应的表面用真空喷涂或用其他方法涂敷上一层银膜，在两层银膜上分别引出两个电极，再用金属壳或玻璃壳封装起来，就构成了一个石英晶体谐振器。它是晶体振荡器的核心元件。

晶体谐振器的代表符号如图 1-118a 所示，它可用一个 LC 串并联电路来等效，如图 1-118b 所示。其中 C_0 是晶片两表面涂敷银膜形成的电容，L 和 C 分别模拟晶片的质量（代表惯性）和弹性，晶片振动时因摩擦而造成的损耗用电阻 R 来代表。

从图 1-118b 所示的等效电路可得到它的电抗与频率之间的关系曲线，称为晶体谐振器的电抗—频率特性曲线，如图 1-118c 所示。

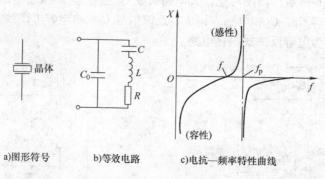

a)图形符号　　　b)等效电路　　　c)电抗—频率特性曲线

图 1-118　晶体谐振器的等效电路

（2）石英晶体振荡电路　用石英晶体构成的正弦波振荡电路的基本电路有两类：一类是石英晶体作为一个高 Q 值的电感元件，和回路中的其他元件形成并联谐振，称为并联晶体振荡电路；另一类是石英晶体作为一个正反馈通路元件，工作在串联谐振状态，称为串联晶体振荡电路。

图 1-119 所示为一种并联晶体振荡电路。图 1-120 所示为一种串联晶体振荡电路。

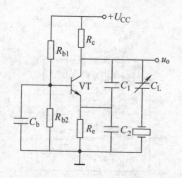

图 1-119　并联晶体振荡电路

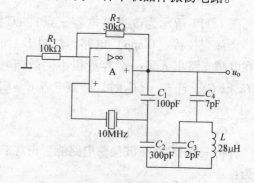

图 1-120　串联晶体振荡电路

小　结

任务 1 主要讨论了正、负反馈的判别，负反馈类型的判定，负反馈放大电路的性能以及深度负反馈放大电路的分析方法。任务 2 和任务 3 分别讨论了 RC 振荡电路和 LC 振荡电路。

1. 使净输入量减弱的反馈为负反馈，使净输入量增强的反馈为正反馈。常采用"瞬时电压极性法"来判断反馈的极性。

2. 反馈的类型按输出端的取样方式分为电压反馈和电流反馈，常用负载短路法判定；按输入端的连接方式分为串联反馈和并联反馈，可根据电流和与电压和形式判定。

3. 负反馈的重要特性是能稳定输出端的取样对象，从而使放大器的性能得到改善，包括静态和动态性能。改善动态性能是以牺牲放大倍数为代价的，反馈越深，越有益于动态性能的改善。负反馈放大电路性能的改善与反馈深度 $|1 + \dot{A}\dot{F}|$ 的大小有关，其值越大，性能改善越显著。但也不能够无限制地加深反馈，否则易引起自激振荡，使放大电路不稳定。

4. 当反馈深度 $|1 + \dot{A}\dot{F}| \gg 1$ 时，称为深度负反馈。深度串联负反馈的输入电阻很大，深度并联负反馈的输入电阻很小，深度电压负反馈的输出电阻很小，深度电流负反馈的输出电阻很大。在深度负反馈放大电路中，$\dot{X}_i \approx \dot{X}_f$，即 $\dot{X}_{id} \approx 0$，因此可引出两个重要概念，即深度负反馈放大电路中基本放大电路的两输入端可以近似看成短路和断路，称为"虚短"和"虚断"。利用"虚短"和"虚断"可以很方便地求得深度负反馈放大电路的闭环电压放大倍数。当反馈为深度负反馈时，反馈量近似等于外加的输入信号，利用这个结论可以简便地估算出电压放大倍数。

5. 利用负反馈技术，根据外接线性反馈元件的不同，可用集成运算放大器构成比例、加法、减法、微分、积分等运算电路。基本运算电路有同相输入和反相输入两种连接方式，反相输入运算电路的特点是：运算放大器共模输入信号为零，但输入电阻较低，其值决定于反相输入端所接元件。同相输入运算电路的特点是：运算放大器两个输入端对地电压等于输入电压，故有较大的共模输入信号，但它的输入电阻可趋于无穷大。基本运算电路中反馈电路都必须接到反相输入端以构成负反馈，使运算放大器工作在线性状态。

6. 放大电路在某些条件下会形成正反馈，产生自激振荡，干扰电路正常工作，这是实际应用中应加以注意的问题。在负反馈放大电路中，为了防止产生自激振荡，提高电路工作的稳定性，通常在电路中接入相位补偿网络。

7. 波形产生电路可分为正弦波振荡电路和非正弦波振荡电路。

8. 正弦波产生电路的电路结构、振荡条件。

（1）正弦波振荡电路由放大电路、选频网络、正反馈网络、稳幅环节组成。

（2）正弦波振荡电路的工作原理是通过有意引入正反馈，并使之产生稳定可靠的振荡平衡条件。要产生自激振荡必须同时满足：相位平衡条件 $\varphi_A + \varphi_F = \pm 2n\pi$（$n = 0$, 1, 2, 3, …）和振幅平衡条件 $|\dot{A}\dot{F}| \geqslant 1$。采用瞬时极性法判断电路是否能够起振。

9. 正弦波振荡电路

正弦波振荡电路根据选频网络的不同可分 RC 振荡、LC 振荡和石英晶体振荡。

（1）RC 串并联振荡电路（用于低频信号发生器）

振荡频率：$\omega_0 = 2\pi f_0 = \dfrac{1}{RC}$，即 $f_0 = \dfrac{1}{2\pi RC}$。

振荡条件：$A_u = 1 + \dfrac{R_f}{R_1} > 3$，即 $R_f > 2R_1$。

自动稳幅措施：R_f 串接二极管。

（2）LC 并联谐振回路（电路工作频率较高）

变压器反馈式：$f_0 = \dfrac{1}{2\pi \sqrt{LC}}$。

电感三点式：$f_0 = \dfrac{1}{2\pi \sqrt{LC}} = \dfrac{1}{2\pi \sqrt{(L_1 + L_2 + 2M)C}}$。

电容三点式：$f_0 = \dfrac{1}{2\pi \sqrt{LC}} = \dfrac{1}{2\pi \sqrt{L\left(\dfrac{C_1 C_2}{C_1 + C_2}\right)}}$。

习　题

一、填空题

1. 直流负反馈是指_____通路中有负反馈；交流负反馈是指_____通路中有负反馈。

2. 直流负反馈的作用是_____。

3. 若要稳定放大倍数、改善非线性失真，应引入_____负反馈。

4. 希望减小放大电路从信号源索取的电流，可采用_____负反馈；希望取得较强的反馈作用，而信号源内阻很大，则宜采用_____负反馈；要求负载变化时，输出电压稳定，应引入_____负反馈；要求负载变化时，输出电流稳定，应引入_____负反馈。

5. 某仪表放大电路，要求输入电阻大，输出电流稳定，应选_____负反馈。

6. 某传感器产生的是电压信号（几乎不能提供电流），经放大后，希望输出电压与信号成正比，这个放大电路应选_____负反馈。

7. 要得到一个由电流控制的电流源，应选_____负反馈。

8. 要得到一个由电流控制的电压源，应选_____负反馈。

9. 需要一个阻抗变换电路，输入电阻小，输出电阻大，应选_____负反馈。

二、选择题

1. 负反馈使放大倍数_____，正反馈使放大倍数_____。

   A. 增加　　　　　　　B. 减小

2. 电压负反馈稳定_____，使输出电阻_____；电流负反馈稳定_____，使输出电阻_____。

   A. 输出电压　　　　B. 输出电流　　　　C. 增大　　　　D. 减小

3. 负反馈所能抑制的是_____的干扰和噪声。

   A. 反馈环内　　　　B. 输入信号所包含　　C. 反馈环外

4. 串联负反馈使输入电阻_____；并联负反馈使输入电阻_____。

   A. 增大　　　　　　　B. 减小

三、判断题

1. 在深度负反馈的条件下，闭环增益 $\dot{A}_f \approx \dfrac{1}{\dot{F}}$，它与反馈系数有关，而与放大电路开环增益 $\dot{A}$ 无关，因此可以省去放大电路，仅留下反馈网络，就可以获得稳定的闭环增益。

（　　）

2. 在电路中若接入反馈后与未接入反馈时相比有以下情况者为负反馈，反之为正反馈：
①净输入量增大（　　）②净输入量减小（　　）③输出量变大（　　）④输出量变小（　　）

3. ①对于负反馈电路，由于负反馈作用使输出量变小，则输入量变小，又使输出量更小，……最后就使输出为零，无法放大。　　　　　　　　　　　　　　（　　）

②对于正反馈电路则恰恰相反，信号越来越大，最后必然使输出量接近无穷大。

（　　）

4. 直流负反馈是存在于直流通路中的负反馈，交流负反馈是存在于交流通路中的负反馈。　　　　　　　　　　　　　　　　　　　　　　　　　　　（　　）

5. 交流负反馈不能稳定静态工作点。　　　　　　　　　　　　　　　　（　　）

6. 交流负反馈能改善放大电路的各项动态性能，且改善的程度与反馈深度有关，故负反馈越深越好。　　　　　　　　　　　　　　　　　　　　　　　（　　）

四、分析题

1. 分析图 1-121 所示各电路中的反馈：（1）反馈元件是什么？（2）是正反馈还是负反馈？（3）是直流反馈还是交流反馈？（4）是本级反馈还是级间反馈？

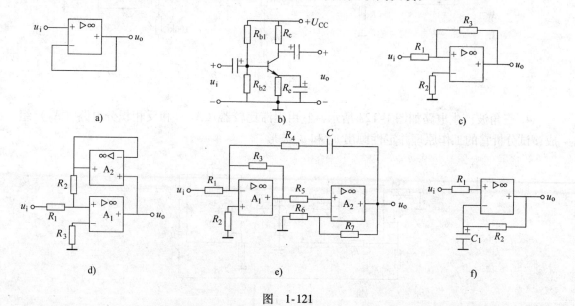

图　1-121

2. 分析图 1-122 所示各电路中的反馈：（1）是正反馈还是负反馈？（2）负反馈放大电路是何种组态？

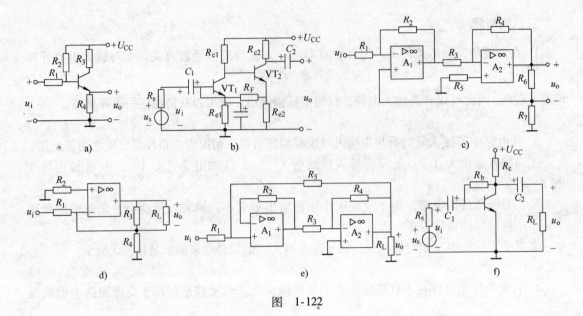

图 1-122

3. 图 1-123 所示电路中，希望降低输入电阻，稳定输出电流，试在图中接入相应的反馈网络。

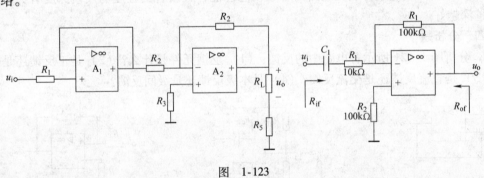

图 1-123

4. 三角波产生电路如图 1-124 所示，它由迟滞比较器（A_1）和反相积分电路（A_2）组成，试分析它的工作原理并定性画出 u_o 和 u_o' 波形。

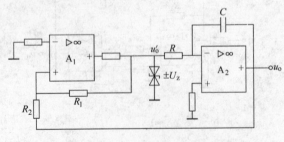

图 1-124

五、计算题

1. 反馈放大电路的框图如图 1-125 所示，已知开环电压增益 $A_u = 1000$，电压反馈系数 $F_u = 0.02$，输出电压为 $u_o = 5\sin\omega t$，试求输入电压 u_i，反馈电压 u_f 和净输入电压 u_{id}。

2. 放大电路输入的正弦波电压有效值为 20mV，开环时正弦波输出电压有效值为 10V，试求引入反馈系数为 0.01 的电压串联负反馈后输出电压的有效值。

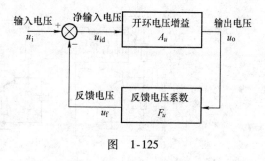

图　1-125

3. 如图 1-126 所示某负反馈放大电路，其闭环放大倍数为 100，且当开环放大倍数变化 10% 时闭环放大倍数的变化不超过 1%，试求其开环放大倍数和反馈系数。

4. 分析如图 1-127 所示反馈放大电路：（1）判断反馈性质与类型，并标出有关点的瞬时极性。（2）计算电压放大倍数（设 C_1 足够大）。（3）求输入电阻和输出电阻。

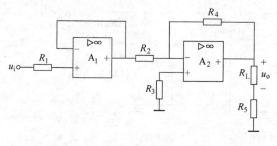

图　1-126

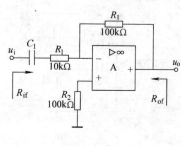

图　1-127

5. 分析图 1-128 所示深度负反馈放大电路：（1）判断反馈组态。（2）写出电压增益 $A_{uf} = u_o / u_i$ 的表达式。

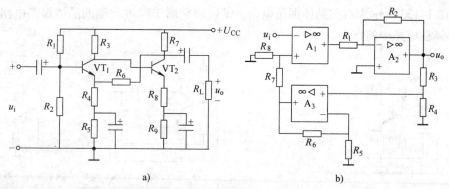

a)   b)

图　1-128

6. 估算图 1-129 所示负反馈放大电路的电压放大倍数、输入电阻和输出电阻值。

7. 设计一个频率为 500Hz 的 RC 桥式振荡电路，已知 $C = 0.047\mu F$，并用一个负温度系数、$20k\Omega$ 的热敏电阻作为稳幅元件，试画出电路并标出各电阻值。

8. 分析图 1-130 所示电路，标明绕组的同名端，使之满足相位平衡条件，并求出振荡频率。

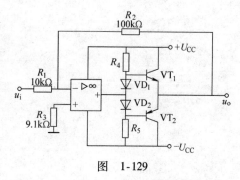

图　1-129

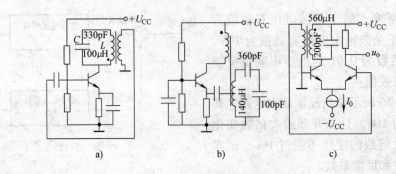

图　1-130

9. 根据自激振荡的相位条件，判断图 1-131 所示电路能否产生振荡。在能振荡的电路中，求出振荡频率的大小。

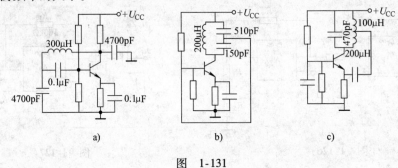

图　1-131

10. 振荡电路如图 1-132 所示，它是什么类型的振荡电路？有何优点？计算它的振荡频率。

11. 图 1-133 所示为石英晶体振荡电路，试说明它属于哪种类型的晶体振荡电路，并说明石英晶体在电路中的作用。

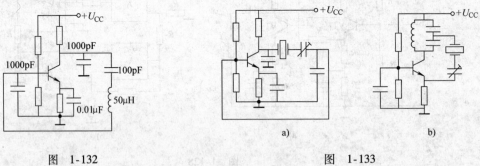

图　1-132　　　　　　　　　　　图　1-133

学习情境 3　功率放大电路

学习目标

➤ 掌握功率放大电路的基本概念、一般要求和基本类型。
➤ 能运用 OCL、OTL 功率放大电路与集成功率放大电路。
➤ 能设计功率放大电路。

工作任务

➤ 乙类互补对称功率放大电路（OCL 电路）。
➤ 甲乙类互补对称功率放大电路（OTL 电路）。
➤ 功率放大电路的设计与制作。

任务 1　乙类互补对称功率放大电路（OCL 电路）

◆ **问题引入**

在实用电路中，往往要求放大电路的末级（即输出级）输出一定的功率，以驱动负载。能够向负载提供足够信号功率的放大电路称为功率放大电路，简称功放。从能量控制和转换的角度看，功率放大电路与其他放大电路在本质上没有区别；只是功放既不是单纯追求输出高电压，也不是单纯追求输出高电流，而是追求在电源电压确定的情况下，输出尽可能大的功率。因此，从功放电路的组成和分析方法，到其元器件的选择，都与小信号放大电路有着明显的区别。

💡 **看一看——功率放大电路的一般问题**

功率放大电路实物如图 1-134 所示。

1. 功率放大电路的特点及主要研究对象

（1）功率放大电路的主要特点　功率放大电路是一种以输出较大功率为目的的放大电路。因此，要求同时输出较大的电压和电流。管子工作在接近极限状态，一般直接驱动负载，带负载能力要强（和输出电阻有关）。

（2）要解决的问题　减小失真与

图 1-134　功率放大电路实物

管子的保护。

2. 功率放大电路提高效率的主要途径

降低静态功耗，即减小静态电流。

3. 功率放大电路的分类

功率放大电路根据正弦信号整个周期内晶体管的导通情况，划分为甲类、甲乙类和乙类等，如图1-135所示。

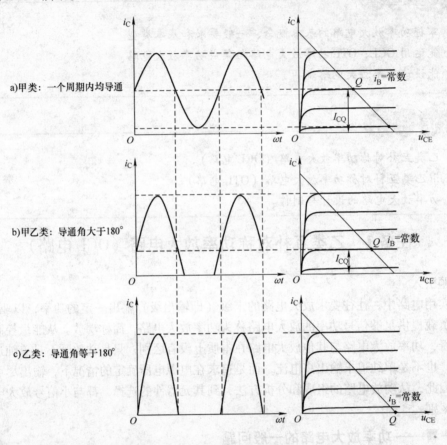

图1-135　功率放大电路的分类

甲类放大电路的特点是在信号全周期内均导通，故非线性失真小，波形好，但静态功耗大，输出功率和效率都低；乙类放大电路由于只工作半个周期，静态功耗小，效率高，但输出波形因为功率晶体管的死区电压的存在而出现失真；甲乙类功放则较好地解决了甲类功放静态功耗大和乙类功放波形失真的问题，实际应用广泛。

❓ 学一学——乙类互补对称功率放大电路

1. 电路组成

乙类互补对称功率放大电路如图1-136所示。

射极输出器具有输入电阻高、输出电阻低、带负载能力强等特点，所以射极输出器很适宜用于功率放大电路。甲类功率放大电路静态功耗大，所以大多采用乙类功率放大电路。但乙类放大电路只能放大半个周期的信号，为了解决这个问题，常用两个对称的乙类放大电路分别放大输入信号的正、负半周，然后合成为完整的波形输出，即利用两个乙类放大电路的互补特性完成整个周期信号的放大。

图 1-136 所示为乙类互补对称功率放大电路，又称无输出电容的功率放大电路，简称 OCL（Output Capacitorless）电路。VT_1 为 NPN 型管，VT_2 为 PNP 型管，两管参数完全对称，称为互补对称管。两管构成的电路形式都为射极输出器。

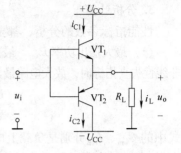

图 1-136　乙类互补对称功率放大电路

2. 工作原理

乙类互补对称功率放大电路的工作原理如图 1-137 所示。

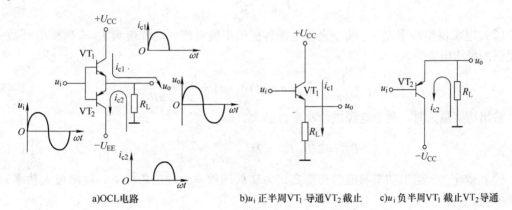

a)OCL电路　　　　　b)u_i 正半周VT_1导通VT_2截止　　　　c)u_i 负半周VT_1截止VT_2导通

图 1-137　乙类互补对称功率放大电路的工作原理

静态时，由于电路无静态偏置通路，故两管的静态参数 I_{BQ}、I_{CQ}、I_{EQ} 均为零，即两个晶体管静态时都工作在截至区，无管耗，电路属于乙类工作状态。发射极电位为零，负载上无电流，输出电压 $u_o = 0$。

动态时，设输入信号为正弦电压 u_i，如图 1-137a 所示。

在 u_i 的正半周时，$u_i > 0$，等效电路如图 1-137b 所示。VT_1 的发射结正偏导通，VT_2 发射结反偏截止。信号从 VT_1 的发射极输出，在负载 R_L 上获得正半周信号电压，$u_o \approx u_i$。

在 u_i 的负半周时，$u_i < 0$，等效电路如图 1-137c 所示。VT_1 的发射结反偏截止。VT_2 发射结正偏导通，信号从 VT_2 的发射极输出，在负载 R_L 上获得负半周信号电压，$u_o \approx u_i$。

如果忽略晶体管的饱和压降及开启电压，在负载 R_L 上获得了几乎完整的正弦波信号 u_o。乙类互补对称功率放大电路的工作波形如图 1-138所示。这种电路的结构对称，且两管在信号的两个半周内轮流导通，它们交替工作，

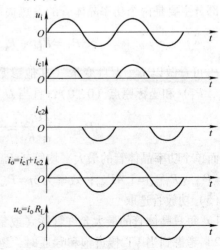

图 1-138　乙类互补对称功率放大电路的工作波形

一个"推",一个"挽",互相补充,故称为互补对称推挽电路。

3. 分析计算

性能指标参数的分析,都要以输入为正弦信号,且能够忽略电路失真为前提条件。

(1)最大输出功率 P_{om} 最大输出功率 P_{om} 是指在正弦输入信号下,输出波形不超过规定的非线性失真指标时,放大电路最大输出电压和最大输出电流有效值(不是最大值)的乘积。

$$P_{om} = \frac{U_{om}}{\sqrt{2}} \frac{I_{om}}{\sqrt{2}} = \frac{1}{2} U_{om} I_{om} = \frac{1}{2} \frac{U_{om}^2}{R_L} = \frac{1}{2} I_{om}^2 R_L \tag{1-43}$$

式中的 U_{om}、I_{om} 分别是负载上电压和电流的峰值。理想条件下(不计晶体管的饱和压降和穿透电流),负载获得最大输出电压时,其输出电压峰值近似等于电源电压 U_{CC},故负载得到的最大输出功率可记为

$$P_{om} \approx \frac{U_{CC}^2}{2R_L} \tag{1-44}$$

(2)电源供给功率 P_{DC} 两个直流电源各提供半波电流,其峰值为 $I_{om} = U_{om}/R_L$,故电源提供的平均电流为

$$I_{AV} = \frac{1}{2\pi} \int_0^\pi I_{om} \sin(\omega t) d(\omega t) = \frac{I_{om}}{\pi} = \frac{U_{om}}{\pi R_L} \tag{1-45}$$

输出功率最大时,两个电源供给功率也最大,即

$$P_{DC} = 2U_{CC} I_{AV} = 2U_{CC} \frac{U_{om}}{\pi R_L} \approx \frac{2U_{CC}^2}{\pi R_L} \tag{1-46}$$

(3)效率 η 输出功率与电源功率之比为功放的效率。理想条件下,输出最大功率时,效率最高。

$$\eta = \frac{P_{om}}{P_{DC}} = \frac{\pi}{4} \approx 78.5\% \tag{1-47}$$

实际情况下,功率晶体管饱和压降 $U_{CES} > 0$,$U_{om} = U_{CC} - U_{CES} < U_{CC}$,$P_{om} < U_{CC}^2/2R_L$,因此,最大效率达不到 $\pi/4$。

(4)单管最大平均管耗 P_{T1max} 根据能量守恒定律,功放输出功率小于电源功率,其减少的部分主要是两个功率晶体管的发热损耗。两管的管耗为

$$P_T = P_{DC} - P_{om} = \frac{2U_{CC}}{\pi R_L} U_{om} - \frac{1}{2R_L} U_{om}^2 \tag{1-48}$$

P_T 可看做以 U_{om} 为自变量(其他参数为常量)的二次函数,该二次函数曲线经过点 (U_{om}, P_T) 和坐标原点 $(0, 0)$,且当 $U_{om} = 2U_{CC}/\pi$ 时,P_T 为极大值,代入可得

$$P_{Tmax} = \frac{2U_{CC}^2}{\pi^2 R_L} = \frac{4}{\pi^2} \frac{U_{CC}^2}{2R_L} = \frac{4}{\pi^2} P_{om} \approx 0.4 P_{om} \tag{1-49}$$

而单个功率晶体管的最大平均管耗 $P_{T1max} = P_{T2max} = P_{Tmax}/2 = 0.2 P_{om}$。此时 $P_{DC} = P_{om} + P_{Tmax} = 1.4 P_{om}$;效率为 $\eta = P_{om}/1.4 P_{om} \approx 71.4\%$,而非理想条件下的 78.5%。

(5)功放管选取

1)每只晶体管的最大允许管耗(或集电极功率损耗)P_{CM} 必须大于 $P_{T1max} = 0.2 P_{om}$。

2)考虑到当 VT_2 接近饱和导通时,忽略饱和压降,此时 VT_1 管的 u_{CE1} 具有最大值,且等于 $2U_{CC}$。因此,应选用 $U_{(BR)CEO} \geq 2U_{CC}$ 的管子。

3）通过晶体管的最大集电极电流约为 U_{CC}/R_L，所选晶体管的 I_{Cm} 一般不宜低于此值。

例 1-4 功放电路如图 1-136 所示，设 $U_{CC}=12V$，$R_L=8\Omega$，功率晶体管的极限参数为 $I_{Cm}=2A$，$U_{(BR)CEO}=30V$，$P_{Cm}=5W$。

试求：

（1）求 P_{om}，并检验功率晶体管的安全工作情况。

（2）求 $\eta=0.6$ 时的 P_o 值。

解：（1）

$$P_{om}=\frac{1}{2}\frac{U_{CC}^2}{R_L}=\frac{12^2}{2\times8}=9W$$

$$P_{Tmax}\approx0.2P_{om}=1.8W<5W$$

$$U_{CEM}=2U_{CC}=24V<30V$$

$$I_C=\frac{U_{CC}}{R_L}=\frac{12}{8}A=1.5A<2A$$

（2）故功率晶体管是安全的。

$$\eta=\frac{P_o}{P_{DC}}=\frac{\pi}{4}\frac{U_o}{U_{CC}}=0.6$$

$$U_o=9.2V$$

$$P_o=\frac{U_o^2}{2R_L}=\frac{9.2^2}{2\times8}=5.3W$$

例 1-5 电路如图 1-136 所示，$U_{CC}=20V$，$R_L=8\Omega$，设输入信号为正弦波，求对功率晶体管参数的要求。

解：（1）最大输出功率

$$P_{om}=\frac{1}{2}\frac{U_{CC}^2}{R_L}=\frac{1}{2}\times\frac{20^2}{8}W=25W$$

所以 $P_{Cm}\geq0.2P_{om}=0.2\times25W=5W$

（2）$U_{(BR)CEO}\geq2U_{CC}=40V$

（3）$I_{Cm}\geq\frac{U_{CC}}{R_L}=\frac{20}{8}A=2.5A$

实际选择功率晶体管时，极限参数均应有一定的余量，一般应提高 50% 以上。在本例中，考虑到热稳定性，P_{Cm} 取 2 倍的余量为 10W。考虑到热击穿，$U_{(BR)CEO}$ 取 2 倍的余量为 80V，取标准耐压值 100V。考虑到在 I_{Cm} 时，β 值有较大的下降，取 2 倍的余量为 5A。请读者查阅电子器件手册，选择合适的功率晶体管。

任务2　甲乙类互补对称功率放大电路（OTL 电路）

◆　问题引入

在乙类互补对称功率放大电路中，静态时晶体管处于截止区，存在交越失真的问题。

💡 看一看——交越失真

在输入电压较小时，存在一小段死区，此段输出电压与输入电压不存在线性关系，产生

82

了失真。由于这种失真出现在通过零值处，故称为交越失真，如图 1-139 所示。

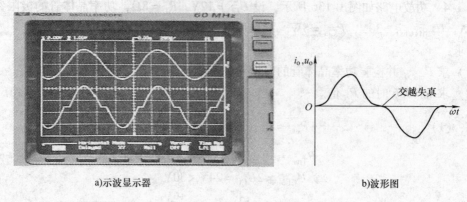

a)示波显示器

b)波形图

图 1-139 交越失真现象

为减小交越失真，改善输出波形，通常给功率放大管加适当的静态偏置，偏置电压只要大于晶体管的死区电压，使其静态时处于微导通状态，即晶体管在静态时有一个较小的基极电流，以避免当 u_i 幅度较小时两个晶体管同时截止。OCL 甲乙类互补对称功率放大电路如图 1-140 所示。

OCL 甲乙类互补对称功率放大电路波形如图 1-141 所示。由图 1-141 还可以看出，此时每管的导通时间略大于半个周期，而小于一个周期，导通角在 180°~360°之间。

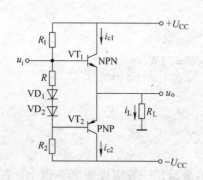

图 1-140 OCL 甲乙类互补对称功率放大电路

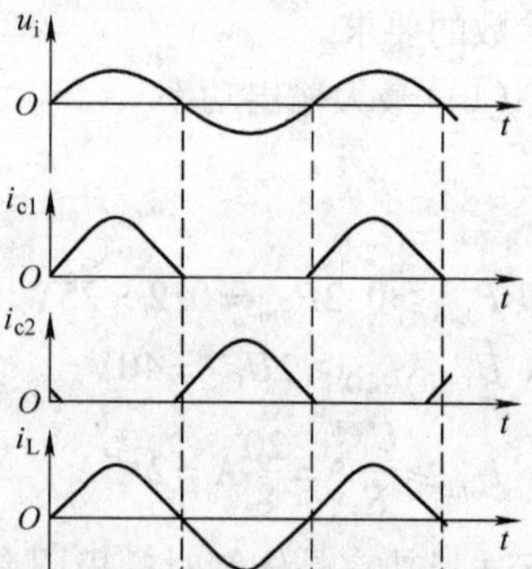

图 1-141 OCL 甲乙类互补对称功率放大电路波形

学一学——甲乙类互补对称功率放大电路（OTL 电路）

甲乙类互补对称功率放大电路，又称无输出变压器电路（Output Transformerless），简称 OTL 电路。

图 1-142a 为典型 OTL 甲乙类互补对称功率放大电路图，其工作原理与 OCL 功放相同。如图 1-142b 所示，VT_2、VT_3 分别在 u_{o1} 正、负半周轮流导通，只要把 Q 点的横坐标改为 $U_{CC}/2$，并用 $U_{CC}/2$ 取代 OCL 功放有关公式（1-43~1-49）中的 U_{CC}，就可以估算 OTL 功放的各类指标。

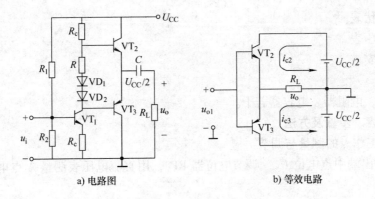

a) 电路图 b) 等效电路

图 1-142 典型 OTL 甲乙类互补对称功率放大电路

练一练——功率放大器的调试

1. 实训目标

(1) 加深对功率放大器特性的理解。

(2) 进一步理解 OTL 功率放大器的工作原理。

(3) 学会 OTL 电路的调试及主要性能指标的测试方法。

2. 实训原理

OTL 功率放大电路如图 1-143 所示。

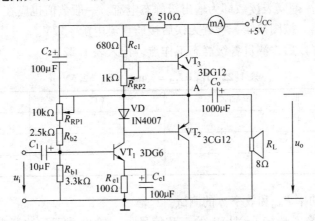

图 1-143 OTL 功率放大器电路

电路参数：

VT$_1$：3DG 型管 $\beta = 30 \sim 50$

VT$_2$：3CG 型管 $\beta = 30 \sim 50$

VT$_3$：3DG 型管 $\beta = 30 \sim 50$

VD：IN4007

3. 实训设备与器件

① +12V 直流电源。

② 函数信号发生器。

③ 双踪示波器。

④ 交流毫伏表。

⑤ 直流电压表。

⑥ 直流毫安表。

⑦ 万用表。

⑧ 晶体管、电阻器、电容器若干。

4. 实训内容、步骤及方法

(1) 静态工作点的测量与调节

1) 调节输出端中点电位 U_A　调节电位器 RP_1，用直流电压表测量 A 点电位，使 $U_A = \frac{1}{2}U_{CC}$。

2) 调整输出极静态电流及测试各级静态工作点　调节 R_{RP2}，使 VT_2、VT_3 管的 $I_{C2} = I_{C3} = 5 \sim 10mA$。从减小交越失真角度而言，应适当加大输出极静态电流，但该电流过大，会使效率降低，所以一般以 $5 \sim 10mA$ 为宜。由于毫安表是串在电源进线中，因此测得的是整个放大器的电流，但一般 VT_1 的集电极电流 I_{C1} 较小，从而可以把测得的总电流近似当做末级的静态电流。如要准确得到末级静态电流，则可从总电流中减去 I_{C1} 之值。

调整输出级静态电流的另一方法是动态调试法。先使 $R_{RP2} = 0$，在输入端接入 $f = 1kHz$ 的正弦信号 u_i。逐渐加大输入信号的幅值，此时，输出波形应出现较严重的交越失真（注意：没有饱和和截止失真），然后缓慢增大 R_{RP2}，当交越失真刚好消失时，停止调节 R_{RP2}，恢复 $u_i = 0$，此时直流毫安表读数即为输出级静态电流。一般数值也应在 $5 \sim 10mA$ 左右，如过大，则要检查电路。按图接线，检查无误后接通直流电源 $+12V$。

输出极电流调好以后，测量各级静态工作点，记入表 1-22。

表 1-22　$I_{C2} = I_{C3} =$ 　mA　$U_A = 2.5V$

晶体管各极对地电压	VT_1	VT_2	VT_3
U_B/V			
U_C/V			
U_E/V			

(2) 最大输出功率 P_{om} 和效率 η 的测试

1) 测量 P_{om}　输入端接 $f = 1kHz$ 的正弦信号 u_i，输出端用示波器观察输出电压 u_o 波形。逐渐增大 u_i，使输出电压达到最大不失真输出，用交流毫伏表测出负载 R_L 上的电压 U_{om}，则

$$P_{om} = \frac{U_{om}^2}{R_L}$$

2) 测量 η　当输出电压为最大不失真输出时，读出直流毫安表中的电流值，此电流即为直流电源供给的平均电流 I_{DC}（有一定误差），由此可近似求得 $P_{DC} = U_{CC}I_{DC}$，再根据上面测得的 P_{om}，即可求出 $\eta = \frac{P_{om}}{P_{DC}}$。测试数据填入表 1-23 中。

在测试时，为保证电路的安全，应在较低电压下进行，通常取输入信号为输入灵敏度的 50%。在整个测试过程中，应保持 U_i 为恒定值，且输出波形不得失真。

表 1-23

测量数据				计算数据	
U_o/V	U_i/V	I_{DC}/A	P_{DC}/V	$P_{om} = \dfrac{U_o^2}{R_L}$	$\eta = \dfrac{P_{om}}{P_{DC}} \times 100\%$

（3）频率特性的测试　测试方法同共发射极单管放大器的调试。测量结果记入表 1-24。

表 1-24　U_i = mV

			f_L		f_0		f_H		
f/Hz					1000				
U_o/V									
A									

5. 实训总结

（1）整理实训数据，计算静态工作点、最大不失真输出功率 P_{om}、效率 η 等，并与理论值进行比较。画频率特性曲线。

（2）分析二极管在 OTL 功率放大器电路中的作用。

（3）讨论实训中发生的问题及解决办法。

（4）写出实训报告。

6. 实训考核要求

见共发射极单管放大器的调试实训考核要求。

任务 3　集成功率放大器

 看一看——TDA2030 功率放大板与芯片

TDA2030 功率放大板与芯片如图 1-144 所示。

a)TDA2030 功放板　　　　　　　　　　b)TDA2030 芯片

图 1-144　TDA2030 功率放大板与芯片

学一学——集成功率放大器

集成功率放大器的种类很多，从用途划分，有通用型和专用型。从芯片内部的构成划分，有单通道型和双通道型。从输出功率划分，有小功率型和大功率型等。

1. LM386 的典型应用

（1）LM386 内部电路　LM386 电路简单，通用性强，是目前应用较广的一种小功率集成功率放大器。它具有电源电压范围宽、功耗低、频带宽等优点，输出功率 0.3 ~ 0.7W，最大可达 2W。

LM386 的内部电路原理图如图 1-145 所示。图 1-146 所示是 LM386 的引脚排列图，封装形式为双列直插。

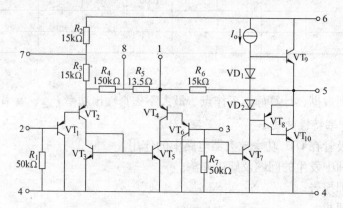

图 1-145　LM386 内部电路原理图

（2）LM386 的典型应用电路　图 1-147 所示为 LM386 的典型应用电路。

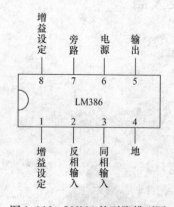

图 1-146　LM386 的引脚排列图

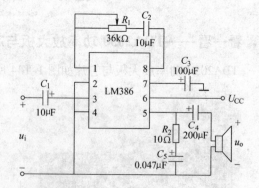

图 1-147　LM386 典型应用电路

2. DG810 的典型应用

DG810 集成功率放大器具有输出功率大、噪声小、频带宽、工作电源范围宽、具有保护电路等优点，是经常使用的标准集成音频功率放大器。它由输入级、中间级、输出级、偏置电路及过电压、过热保护电路等组成。

图 1-148 所示电路是 DG810 的典型应用电路。图中 8 脚为信号输入端，C_1 为输入耦合

电容，R_1 为输入管的偏置电阻以提供基极电流。6 脚到地之间所接 C_2、R_2 为交流反馈电路，选用不同阻值的 R_2，可得到不同的闭环增益。12 脚为输出端，C_{10} 为输出电容，用以构成 OTL 电路。R_4、C_4 为频率补偿电路，用以改善高频特性和防止高频自激。C_6、C_9 为滤波电容，用以消除电源纹波。C_3，C_5，C_7 为频率补偿电容，用以改善频率特性和消除高频自激。4 脚为自举端①，C_8 为自举电容。1 脚为电源端，工作电压 U_{CC} 可根据输出功率要求选用 $+6 \sim +16V$，图 1-148 中 $U_{CC} = 15V$，$R_L = 4\Omega$，输出功率可达 6W。

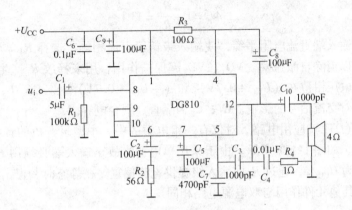

图 1-148　DG810 的典型应用电路

3. TDA2030A 的典型应用

TDA2030A 是目前性能价格比比较高的一种集成功率放大器，与性能类似的其他功率放大器相比，它的引脚和外部元件都较少。

TDA2030A 的电气性能稳定，能适应长时间连续工作。集成块内部的放大电路和集成运算放大器相似，但在内部集成了过载保护和热切断保护电路，若输出过载或输出短路及管心温度超过额定值时均能立即切断输出电路，起保护作用。其金属外壳与负电源引脚相连，所以在单电源使用时，金属外壳可直接固定在散热片上并与地线（金属机箱）相接，无需绝缘，使用很方便。

（1）TDA2030A 外形及引脚排列　TDA2030A 外形及引脚排列如图 1-149 所示。与性能类似的其他产品相比，它的引脚数量最少，外部元件很少。

（2）TDA2030A 性能指标　TDA2030A 适用于收录机和有源音箱中，作音频功率放大器，也可作其他电子设备的中功率放大。因其内部采用的是直接耦合，亦可以作直流放大。主要性能参数如下：

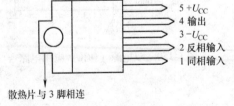

图 1-149　TDA2030A 外形及引脚排列

电源电压 U_{CC}	$\pm 3 \sim \pm 18V$
输出峰值电流	3.5A
频响 BW	$0 \sim 140kHz$
静态电流	<60mA（测试条件：$U_{CC} = \pm 18V$）
谐波失真	THD < 0.5%

电压增益   30dB

输入电阻 $R_i > 0.5 \text{M}\Omega$

在电源为 ±15V、$R_L = 4\Omega$ 时输出功率为 14W。

（3）TDA2030A 集成功放的典型应用

1）双电源（OCL）应用电路 图 1-150 电路是双电源时 TDA2030A 的典型应用电路。信号 u_i 由同相端输入，R_1、R_2、C_2 构成交流电压串联负反馈，因此闭环电压放大倍数为

$$A_{uf} = 1 + \frac{R_1}{R_2} = 33$$

为了保持两输入端直流电阻平衡，使输入级偏置电流相等，选择 $R_3 = R_1$。R_4、C_5 为高频校正网络，用以消除自激振荡。VD_1、VD_2 起保护作用，用来释放 R_L 产生的自感应电压，将输出端的最大电压钳位在 $(U_{CC} + 0.7\text{V})$ 和 $(-U_{CC} - 0.7\text{V})$ 上。C_3、C_4 为退耦电容，用于减少电源内阻对交流信号的影响。C_1、C_2 为隔直、耦合电容。

2）单电源（OTL）应用电路 对仅有一组电源的中、小型录音机的音响系统，可采用单电源连接方式，如图 1-151 所示。由于采用单电源，故正输入端必须用 R_1、R_2 组成分压电路，K 点电位为 $U_{CC}/2$，通过 R_3 向输入级提供直流偏置。在静态时，正、负输入端和输出端皆为 $U_{CC}/2$。其他元件作用与双电源电路相同。

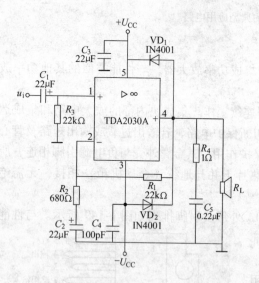

图 1-150 双电源（OCL）应用电路

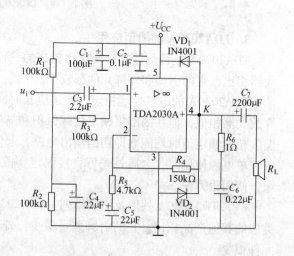

图 1-151 单电源（OTL）应用电路

小 结

1. 功率放大电路的任务是向负载提供符合要求的交流功率，因此主要考虑的是失真度要小，输出功率要大，晶体管的损耗要小，效率要高。在功率放大电路中提高效率是十分重要的，这不仅可以减小电源的能量消耗，同时对降低功率晶体管管耗、提高功率放大电路工作的可靠性是十分有效的。因此，低频功率放大电路常采用乙类或甲乙类工作状态来降低管耗，提高输出功率和效率。功放的主要技术指标是输出功率、管耗、效率和非线性失真等。

2. 提高功率放大电路输出功率的途径是提高直流电源电压。应选用耐压高、允许工作

电流大、耗散功率大的功率晶体管。

3. 互补对称功率放大电路（OCL，OTL）是由两个管型相反的射极输出器组合而成，功率晶体管工作在大信号状态。为了解决功率晶体管的互补对称问题，利用互补复合可获得大电流增益和较为对称的输出特性，保证功放输出级在同一信号下，两输出管交替工作，电路组成也可采用复合管的互补功率放大电路。甲乙类互补对称功率放大电路由于其电路简单、输出功率大、效率高、频率特性好和适于集成化等优点，而被广泛应用。

4. 集成功率放大器是当前功率放大器的发展方向，应用日益广泛。集成功率放大器的种类很多，其内部电路都包含有前置级、中间激励级、功率输出级以及偏置电路等，有的还包含完善的保护电路，使集成电路具有较高的可靠性。集成功率放大器在使用时应注意查阅器件手册，按手册提供的典型应用电路连接外围元件。

5. 功率晶体管的散热和保护十分重要，关系到功放电路能否输出足够的功率并且不损坏功放管等问题。

习　题

一、填空题

1. 功率放大器的任务是_____，主要性能指标有_____。

2. 复合管的类型取决于_____，复合管的电流放大系数等于_____。

3. 功率放大电路按晶体管静态工作点的位置可分为_____类、_____类和_____类。

4. 为了保证功率放大电路中功率晶体管的使用安全，功率晶体管的极限参数_____、_____、_____应足够大，且应注意_____。

5. 采用乙类互补对称功率放大电路，设计一个 10W 的扬声器电路，则应该选择至少为_____ W 的功率晶体管两个。

二、简答题

1. 功率放大电路的主要任务是什么？

2. 功率放大电路与电压放大电路相比有哪些区别？

3. 与甲类相比，乙类互补对称功率放大电路的主要优点是什么？

4. 功率晶体管在使用中应注意什么？

5. 大功率放大电路中为什么要采用复合管？

6. 什么是交越失真？如何克服交越失真？

7. 功率放大电路中采用甲乙类工作状态的目的是什么？

8. OTL 电路与 OCL 电路有哪些主要区别？使用中应注意哪些问题？

9. 集成功率放大器内部主要由哪几级电路构成？每级的主要作用是什么？

三、判断下列说法是否正确，并说明理由

1. 在乙类功率放大电路中，输出功率最大时，管耗也最大。

2. 功率放大电路的主要作用，是在信号失真允许的范围内，向负载提供足够大的功率信号。

3. 在 OCL 电路中，输入信号越大，交越失真也越大。

4. 由于 OCL 电路的最大输出功率为 $P_{om} = \dfrac{1}{2}\dfrac{U_{CC}^2}{R_L}$，可见其输出功率只与电源电压及负载有关，而与功率晶体管的参数无关。

5. 所谓电路的最大不失真输出功率，是指输入正弦信号的幅度足够大，而输出信号基本不失真，并且输出信号的幅度最大时，负载上获得的最大直流功率。

6. 在推挽式功率放大电路中，由于总有一只晶体管是截止的，故输出波形必然失真。

7. 在推挽式功率放大电路中，只要两只晶体管具有合适的偏置电流，就可以消除交越失真。

8. 实际的甲乙类功率放大电路，电路的效率可达 78.5%。

9. 在图 1-140 中，输出波形出现交越失真时，调整电阻 R_1 即可消除交越失真。

10. 在输入电压为零时，甲乙类互补对称电路中的电源所消耗的功率是零。

四、计算题

1. 电路如图 1-152 所示。已知 $U_{CC} = U_{EE} = 6V$，$R_L = 8\Omega$，输入电压 u_i 为正弦信号，设 VT_1、VT_2 的饱和压降可略去。试求最大不失真输出功率 P_{om}、电源供给总功率 P_{DC}、两管的总管耗 P_C 及放大电路效率 η。

2. 电路如图 1-152 所示。已知 $U_{CC} = U_{EE} = 20V$，$R_L = 10\Omega$，晶体管的饱和压降 $U_{CES} \leqslant 2V$，输入电压 u_i 为正弦信号。试：（1）求最大不失真输出功率、电源供给功率、管耗及效率；（2）当输入电压幅度 $U_{im} = 10V$ 时，求输出功率、电源供给功率、管耗及效率；（3）求该电路的最大管耗及此时输入电压的幅度。

3. 电路如图 1-153 所示。已知 $U_{CC} = U_{EE} = 12V$，$R_L = 50\Omega$，晶体管饱和压降 $U_{CES} \leqslant 2V$，试求该电路的最大不失真输出功率、电源供给功率、管耗及效率。

4. 电路如图 1-152 所示。已知 $U_{CC} = U_{EE} = 18V$，$R_L = 5\Omega$，试选择合适的功率晶体管。

5. 电路如图 1-154 所示。试回答下列问题：

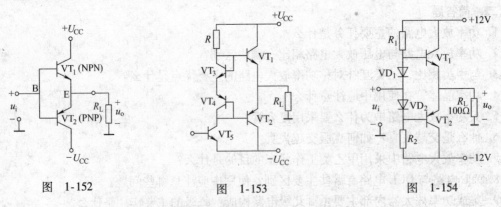

图 1-152   图 1-153   图 1-154

（1）$u_i = 0$ 时，流过 R_L 的电流有多大？

（2）R_1、R_2、VD_1、VD_2 各起什么作用？

（3）若 VD_1、VD_2 中有一个接反，会出现什么后果？

（4）为保证输出波形不失真，输入信号 u_i 的最大幅度为多少？管耗为最大时，求 U_{im}。

6. 图 1-155 所示复合管中，试判断哪些连接是正确的，哪些是不正确的。对正确的，指出它们各自等效于什么类型的晶体管（NPN 或 PNP 型）。

7. 电路如图 1-156 所示。为使电路正常工作，试回答下列问题：

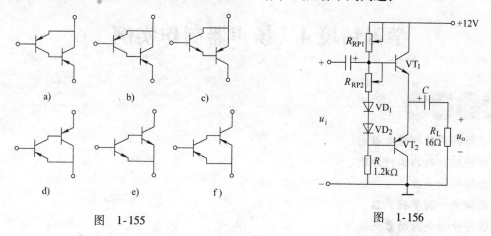

图 1-155

图 1-156

（1）静态时电容 C 两端的电压是多大？如果偏离此值，应首先调节 R_{RP1} 还是 R_{RP2}？

（2）设 $R_{RP1} = R = 1.2kΩ$，晶体管 $β = 50$，VT_1、VT_2 管的 $P_{Cm} = 200mW$，若 R_{RP2} 或二极管断开时是否安全？为什么？

（3）为了调节静态工作电流，主要应调节 R_{RP1} 还是 R_{RP2}？

8. 在图 1-157 所示电路中，如何使输出获得最大正、负对称波形？若 VT_3、VT_5 的饱和压降 $U_{CES} = 1V$，求该电路的最大不失真输出功率及效率。

9. 电路如图 1-158 所示。设 VT_1、VT_2 的饱和压降为 0.3V，求最大不失真输出功率、管耗及电源供给功率。

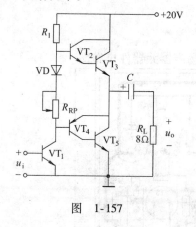

图 1-157

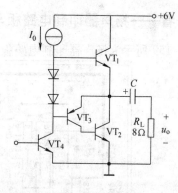

图 1-158

学习情境4　扬声器制作实例

看一看——扬声器印制电路板与元器件排布

图 1-159 所示为扬声器印制电路板，图 1-160 为扬声器元器件排布图。

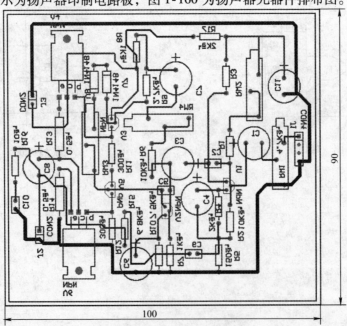

图 1-159　扬声器印制电路板

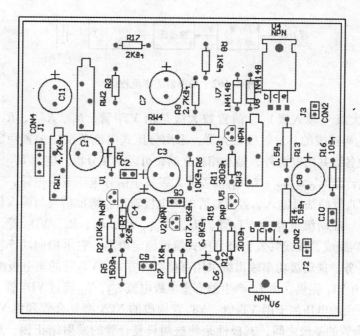

图 1-160　扬声器元器件排布图

学一学——扬声器的组成及工作原理

1. 实践制作扬声器电路图

扬声器电路图如图 1-161 所示。

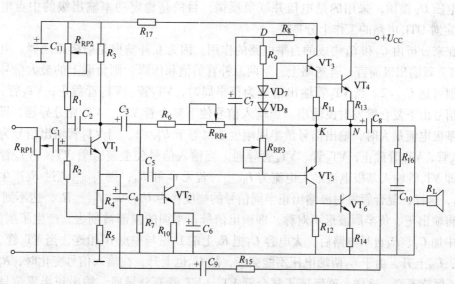

图 1-161　扬声器电路图

2. 扬声器工作流程及组成原理

（1）工作流程　扬声器工作流程如图 1-162 所示。

（2）组成原理

图 1-162　扬声器工作流程图

1）前置放大级（输入级）　前置放大级是由 VT_1 管、R_1、R_{RP2}、R_2、R_3、R_4、R_5、C_1、C_2、C_3、C_4 等接成的共发射极放大器，采用分压式电流负反馈偏置稳定电路。它的直流通路除与其他各级共用电源外，是互相独立的，可以单独分析。电源 U_{CC} 经 R_{17} 降压为 U'_{CC} 后为 VT_1 管供电，即 $U'_{CC} = U_{CC} - I_{c1}R_{17}$ 前置放大级属小信号电压放大电路，工作于甲类放大状态。信号由 VT_1 管的基极输入，经 VT_1 管的集电极输出，输出信号与输入信号反相。

2）推动级　推动级电路由 VT_2 管、R_6、R_{RP4}、R_7、R_8、R_9、VD_7 管、VD_8 管、R_{RP3}、R_{10}、C_5、C_6、C_7 组成，接成共发射极分压式偏置稳定电路。它承担向功率输出级提供足够的推动电流的任务。推动级功率输出级采用直接耦合方式。VT_2 管的集电极由电源 U_{CC} 供电，而基极偏流 I_{B2} 由 VT_1 提供。由 I_{B2} 产生静态集电极电流 I_{C2}，I_{C2} 流过 VD_7 管、VD_8 管及 R_{RP3} 产生一个上正下负的电压加于由 VT_3 管、VT_4 管构成的 NPN 型复合管和由 VT_5 管、VT_6 管构成的 PNP 型复合管的基极之间，其极性是使这两只复合管的发射结正偏，从而使两只复合管静态时导通。适当调整 R_{RP3}，可使 $VT_3 \sim VT_6$ 管处于微导通状态。当有信号输入时，它们将工作于甲乙类状态（接近于乙类状态），有利于消除交越失真。VD_7、VD_8 管选用具有负温度系数的二极管，当温度升高时，其管压降减小，可以补偿 $VT_3 \sim VT_6$ 管发射结压降的负温度系数，稳定 $VT_3 \sim VT_6$ 管的静态电流。VT_2 管基极电流由复合管 VT_3、VT_4 和 VT_5、VT_6 的中点电压 U_K 提供，采用的是电压并联负反馈，目的是稳定功率输出级的中点电压 U_K，U_K 的稳定对 OTL 电路的工作十分重要。

现在来分析由 C_7 和 C_8 构成的自举电路的作用。因为互补输出是射极跟随器，电压增益略小于 1，就输出级而言，若忽略上、下两互补管的饱和压降，则负载上的最大信号电压的振幅近似可达 $U_{CC}/2$。当 VT_2 管输出信号为负半周时，VT_3 管、VT_4 管截止，VT_5 管、VT_6 管导通，信号由下复合管发射极输出。当输入信号使下复合管 VT_5、VT_6 充分导通，即 VT_5 管输入的基极电流最大时，输出信号负半周幅度近似等于 $U_{CC}/2$。当 VT_2 管输出信号为负半周时，VT_5 管、VT_6 管截止，VT_3 管、VT_4 管导通。当输入信号使上复合管 VT_3、VT_4 管充分导通时，即 VT_3 管输入基极电流最大电流为 I_{B3max}，若无 C_7 和 R_8，则 I_{B3max} 流过 R_9 产生压降为 $I_{B3max}R_9$，这样，复合管发射极输出正半周信号的幅度将为 $U_{CC}/2 - I_{B3max}R_9$，达不到 $U_{CC}/2$，这就使得输出正、负半周波形不对称，即输出信号正半周的顶部被削去，产生了削波失真。在电路中加 C_7、R_8 自举电路后，大电容 C_7 把 R_9 上端 D 点与中点 N 相连，当 VT_3 管、VT_4 管导通时，U_N 上升，由于 C_7 两端电压不能突变，故 U_D 也上升，在输入信号变化时，R_9 两端的电压 U_{R9} 保持不变，这样，就保证了复合管 VT_3、VT_4 管充分导通，输出正半周信号幅度也近似等于 $U_{CC}/2$，从而克服了削波失真。R_8 是用来防止 K 点的交流电压通过 C_7 经电源短路而接入的。

3）OTL 功率输出级　输出级有向负载输出信号功率的任务，它由 VT_3 管、VT_4 管组成的 NPN 型复合管，VT_5 管、VT_6 管组成的 PNP 型复合管和 R_{11}、R_{12}、R_{13}、R_{14}、C_8 共同组成准互补对称电路。

静态时，由于上、下管子特性对称，N 点电压为 $U_{CC}/2$，这个电压对 C_8 充电，使 $U_{C8} = U_{CC}/2$，作为下部复合管电路的供电电源。

动态时，在 VT_1 管的正半周，VT_3 管、VT_4 管导通，VT_5 管、VT_6 管截止，由 $U_{CC} - U_K = U_{CC}/2$ 为上部复合管电路供电，电流 i_{E4} 自上而下流过负载，负载上得到正半周输出电压，在 VT_1 负半周，VT_3 管、VT_4 管截止，VT_5 管、VT_6 管导通，由 $U_C = U_{CC}/2$ 供电，i_{E6} 自下而上流过负载，负载上得到负半周输出电压，使信号 VT_1 管经过一个周期，负载上合成完整的输出信号波形。这种电路是利用两只特性对称的反型复合管相构成，互补不足来完成推挽放大的功能，故称其为互补对称电路。

电路中 R_{11}、R_{12} 用来减小复合管的穿透电流 I_{CEO}。R_{13}、R_{14} 有两个作用，其一是当温度升高等原因使功率放大级静态集电极电流升高时，它们在 R_{13}、R_{14} 上的压降增大，从而限制了复合管的发射结电压 U_{BE} 的升高，限制了集电极电流的升高，即它们是起电流负反馈作用稳定静态集电极电流的。其二是当输出不慎过载或短路，在有信号时，R_{13}、R_{14} 上的压降也限制了功率放大管的集电极电流，对功率放大管有一定的保护作用。

加输入信号后，输入信号经 R_{RP1} 分压、电容 C_1 耦合送到 VT_1 管前置放大级进行电压放大，放大后的信号由 VT_1 管的集电极输出，经 C_3 到耦合到 VT_2 管推动级进行第二次放大，VT_2 管集电极输出电压直接耦合到 OTL 功率放大级进行功率放大。VT_2 管的集电极负载为 R_8、R_9、R_{RP3}，因 $R_8 + R_9 \geqslant R_{RP3}$，可认为 VT_2 的集电极负载近似等于 $R_8 + R_9$，而 R_{RP3}、VD_7 管、VD_8 管串联电路两端的压降忽略不计，故把 VT_3、VT_5 管基极对信号而言看成等电位，这样，对上、下复合管而言，基极输入信号下、负半周的峰值近似相等，输出信号正、负半周也近似对称。功率放大级的输出信号经 C_8 耦合到负载上去。

由输出端到第一级，经 R_{15}、C_9 引入深度负反馈，可使电路增益达到技术指标的要求，并使电路具有良好的工作性能。电容 C_2、C_5 是用来进行相位补偿的，防止高频自激。电阻 R_{16} 与电容 C_{10} 构成容性负载，以抵消扬声器的感性负载成分，使总负载接近于纯电阻，以防止在信号突变时，出现瞬时高电压击穿功率放大管，改善电路的工作性能。C_{11} 和 R_{17} 是电源退耦电路，防止由公用直流电源内阻引起的寄生反馈。

3. 复合管的选用

在电子制作中，经常会遇到要求特性一致的大功率异型对管的时候（如：互补对称式 OTL 功放电路、OCL 功放电路等），这一类大功率异型对管在市场上往往很难买到，而且价格也非常昂贵。这时，可以采用一对大功率同型管与一对小功率异型对管复合，代替所需要的大功率异型对管。有时为了增大晶体管的电流放大倍数也要用到两管复合。

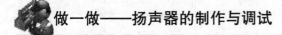
做一做——扬声器的制作与调试

1. 元器件规格和测试

元器件的规格和测试结果见表 1-25。

表 1-25　元器件的规格和测试结果

编　号	名　称	规格及型号	数　量	使用挡位	测试结果
R_2、R_6	电阻	10kΩ	2		
R_3	电阻	4.3kΩ	1		
R_4、R_{17}	电阻	2kΩ	2		

（续）

编　号	名　称	规格及型号	数　量	使用挡位	测试结果
R_5	电阻	150kΩ	1		
R_7	电阻	7.5kΩ	1		
R_8、R_{10}	电阻	1kΩ	2		
R_9	电阻	2.7kΩ	1		
R_{11}、R_{12}	电阻	300Ω	2		
R_{13}、R_{14}	电阻	0.5Ω	2		
R_{15}	电阻	6.8kΩ	1		
R_{16}	电阻	10Ω	1		
VT_1、VT_2	晶体管	3DG 高频小功率	2		
VT_3	晶体管	3DG4A	1		
VT_4、V_6	晶体管	3DD53A	2		
VT_5	晶体管	3CG2B	1		
VD_7、VD_8	二极管	2CP10	2		
RP_1	电位器	10kΩ	1		
RP_2	电位器	47kΩ	1		
RP_3	电位器	470kΩ	1		
RP_4	电位器	27kΩ	1		
U_{CC}	电源	17V	1		
R_L	扬声器	8Ω	1		
C_1	电解电容	4μF/16V	1		
C_2、C_5	电容	100pF	2		
C_3	电解电容	2μF/16V	1		
C_4	电解电容	200μF/10V	1		
C_6	电解电容	100μF/16V	1		
C_7	电解电容	20μF/35V	1		
C_8	电解电容	1000μF/35V	1		
C_9	电解电容	0.047μF	1		
C_{10}	电容	0.47μF	1		
C_{11}	电容	47μF/35V	1		

2. 实践制作工具及仪器仪表

电烙铁 1 把，焊锡丝，普通万用表 1 只，示波器 1 台，镊子 1 把。

3. 实践制作过程

（1）识读扬声器电路原理图和印制电路图。

（2）先在印制电路板上找到相对应的元器件的位置，将元器件成形。

（3）采用边插装边焊接的方法依次正确插装焊接好元器件（注意二极管、电解电容的正、负极）。

插装步骤如下：插装电阻 R_2、R_3、R_4、R_5、R_7、R_8、R_9、R_{10}、R_{11}、R_{12}、R_{13}、R_{14}、R_{15}、R_{16}。

插装二极管 VD_7、VD_8。

插装电位器 RP_1、RP_2、RP_3、RP_4。

插装晶体管 VT_1、VT_2、VT_3、VT_4、VT_5、VT_6。

插装电容 C_1、C_2、C_3、C_4、C_5、C_6、C_7、C_8、C_9、C_{10}、C_{11}。

插装电源输出插座。

（4）用电烙铁焊接好变压器（注意此时不要急于把变压器的一次侧和交流电源相连）。

（5）检查焊接的电路中元器件是否有假焊、漏焊，以及元器件的极性是否正确。

（6）通电试验，观察电路通电情况。

4. 电路功能调试

（1）静态调测

1）调 $VT_2 \sim VT_6$ 静态工作点

① 调 R_{RP4} 使 $U_N = U_{CC}/2$。

② 调 R_{RP3} 使电路的静态电流满足要求，即调 R_{RP3} 使 U_{B3} 和 U_{B5} 约为 2.1V，使输出管互补管静态处于微导通状态，调 R_{RP3} 的同时要保证 $U_N = U_{CC}/2$ 不变，可再调 R_{RP4} 使 U_N 保持不变。由于 $VT_2 \sim VT_6$ 管采用的是直接耦合方式，故①和②两步调整是互相影响的，一般这两步调整应当反复进行，直到 U_N 和静态电流均应达到指标值。

调整中应当注意两点：一是在 I_{C2} 一定时，R_{RP3} 阻值越大，端电压越高，U_{B3} 和 U_{B5} 也越大，$VT_2 \sim VT_6$ 管静态集电极电流也越大，R_{RP3} 过大，将导致 $VT_2 \sim VT_6$ 管因电流过大而烧毁。二是防止功率放大管温度过高，在不产生交越失真的情况下，$VT_2 \sim VT_6$ 管静态电流应尽可能小些，使电路接近于乙类工作状态。因此在输入信号后可用示波器观察输出波形，再重新调整 R_{RP3}，以交越失真刚好消除为好。

③ 测量各管 U_{BE} 和 U_{CE}，将结果填入表 1-26 中。

表 1-26

编号 结果	VT_2	VT_3	VT_4	VT_5	VT_6
U_{BE}					
U_{CE}					
工作状态					

$U_{BE} = 0$ 说明管子截止，$U_{CE} \approx 0$ 时说明管子饱和，二者之一存在则说明电路有故障，找出故障，排除故障后再进行调整。

2）VT_1 管静态工作点测试　VT_1 管应工作于放大状态，现测得 $U_{BE1} = \underline{\qquad}$ V，$U_{CE1} = \underline{\qquad}$ V，说明电路工作 $\underline{\qquad}$（正常/不正常）。

（2）动态调测（R_{RP3} 调至最大后再加 U_i）

1）调输出级电流　输入 $f = 1\text{kHz}$、$U_i = 50\text{mV}$ 的信号，调 R_{RP3} 使输出波形刚好不产生交越失真，再去掉 U_i，测量 VT_4、VT_6 管的 I_C，应满足 $I_C \leqslant 20\text{mA}$。

$I_{C4} = \underline{\qquad}$（$\geqslant$/$\leqslant$）20mA；$I_{C6} = \underline{\qquad}$（$\geqslant$/$\leqslant$）20mA。

2）测量最大输出功率 P_{om}　输入 $f = 1\text{kHz}$ 的信号 U_i，逐渐加大 U_i，到输出 U_o 最大不失

真，此时 $P_o = \dfrac{U_o^2}{2R_L} = $ _____（大于/小于/等于）5W，若大于5W，则满足设计要求。

3）测量输入灵敏度 U_i（即达到额定不失真输出功率时所需的输入电压值） 输入 $f=$ 1kHz 的信号 U_i，逐渐加大 U_i，直到交流毫伏表 $U_o = 6.3$V，测量此时的输入信号 $U_i = $ _____，即为输入灵敏度。若 $U_i \leqslant 160$mV，则满足设计指标要求。

4）测量通频带和增益是否满足设计指标要求 输入 $U_i = 50$mV 的信号，并保持 U_i 不变，改变输入信号频率，测量当 $f = f_L = 100$Hz 时的 $A_L = \dfrac{U_o}{U_i} = $ _____；测量当 $f = f_o = $ 10kHz 时的 $A_o = \dfrac{U_o}{U_i} = $ _____；测量当 $f = f_L = 20$kHz 时的 $A_H = \dfrac{U_o}{U_i} = $ _____，如果所得 $A_L > 0.7A_o$ 和 $A_H > 0.7A_o$，则说明电路满足通频带的指标，如果 $A_o \geqslant 40$，则满足设计要求。

想一想

扬声器常见故障及排除方法见表 1-27。

表 1-27 扬声器常见故障及排除方法

序号	故障现象	故障部位及排除方法
1	无声	1. 检查前置放大管 VT_1、VT_2 是否击穿或断极。如果击穿或断极，则更换；没有击穿或断极，则检查外围偏置元件，如电容 C_1、C_3 或晶体管 VT_1 的上偏置电阻是否开路，如开路则更换 2. 检查功放复合管 VT_3、VT_4 和 VT_5、VT_6 是否击穿或断极。如果击穿或断极，则更换；没有击穿或断极，则检查外围偏置元件，如电容 C_9 等 3. 检查扬声器电路有无断路或损坏
2	音质变差，声音失真	1. 功放复合管 VT_3、VT_4 和 VT_5、VT_6 性能参数相差较大。更换性能较差的功放管 2. 功放复合管 VT_3、VT_4 和 VT_5、VT_6 中有击穿现象或断线。更换功放管或连接断线部位 3. 电路中的耦合电容 C_1、C_3、C_8 存在击穿和漏电现象。更换耦合电容 4. 扬声器纸盆破裂或性能变差。更换扬声器 5. 高频负反馈电容 C_9 开路。连接断线部位或更换 C_9

写一写——扬声器制作与调试任务书

（1）扬声器的制作指标

1）最大输出功率 $P_{om} \geqslant 5$W（正弦输入 $U_i = 10$mV 时）。

2）负载电阻 $R_L = 8$ Ω。

3）效率 $\eta \geqslant 50\%$。

4）输入电阻 $R_i \geqslant 100$kΩ。

（2）扬声器的制作要求

1）画出实际设计电路原理图和印制电路板图。

2）写出元器件及参数选择。

3）元器件的检测。

4）元器件的预处理。

5）基于印制电路板的元器件焊接与电路装配。

6）在制作过程中发现问题并能解决问题。

（3）实际电路检测与调试　选择测量仪表与仪器，对电路进行实际测量与调试。

（4）制作与调试报告书　撰写扬声器的制作与调试报告书，写出制作与调试全过程，附上有关资料和图样，有心得体会。

项目 2　直流稳压电源的制作与调试

　　本项目学习载体是直流稳压电源的制作与调试。本项目包含三个学习情境：认识整流与滤波电路、认识稳压电路和直流稳压电源的制作与调试。前两个学习情境在电子技术实训室进行，直流稳压电源的制作与调试在仿真真实工厂生产环境进行。学生完成本项目的学习后，应会制作与调试直流稳压电源、能排除直流稳压电源的常见故障。

 学习目标

> ➤ 了解直流稳压电源的组成和工作原理。
> ➤ 熟悉整流电路、滤波电路的组成。
> ➤ 理解整流电路、滤波电路的工作原理。
> ➤ 理解串联型直流稳压电路、开关直流稳压电路的组成及工作原理。
> ➤ 会安装简单串联型直流稳压电路。
> ➤ 能调试、测量简单串联型直流稳压电路。
> ➤ 会用仪器、仪表调试、测量直流稳压电路。
> ➤ 会安装直流稳压电源。
> ➤ 能排除直流稳压电源的常见故障。

 工作任务

> ➤ 安装简单的串联型直流稳压电路。
> ➤ 安装直流稳压电源。
> ➤ 选择仪器仪表，测量电路的性能指标并分析。

学习情境1 认识整流与滤波电路

学习目标

➤ 熟悉整流电路、滤波电路的组成。
➤ 理解整流电路、滤波电路的工作原理。
➤ 会计算单相半波、单相全波和单相桥式整流电路的电流、电压。

工作任务

➤ 识读整流电路、滤波电路的电路图。
➤ 连接、测试整流电路、滤波电路。
➤ 查阅手册及选用元器件。

任务1 认识整流电路

◆ 问题引入

在日常生活中，空调器、电冰箱、电视机、个人计算机等家用电器用的是 AC 220V 的交流电源，而复读机、手机、增氧机等用的是直流电源。进户电源是交流电源，如何得到直流电源，这就是我们要讨论的问题。

💡 看一看——日常生活中的电源实例

直流稳压电源实例如图 2-1 所示。你还能举出哪些例子？

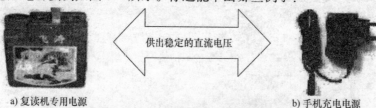

a) 复读机专用电源   供出稳定的直流电压   b) 手机充电电源

c) 直流稳压电源实物图

图 2-1　直流稳压电源实例

　　直流稳压电源是一种当电网电压波动或负载发生变化时，输出直流电压仍能基本保持不变的电源。电子设备中都需要有稳定的直流电源，功率较小的直流电源大多数都是将50Hz的交流电经过整流、滤波和稳压后获得的。图2-2为直流稳压电源的组成原理框图。各组成部分作用如下。

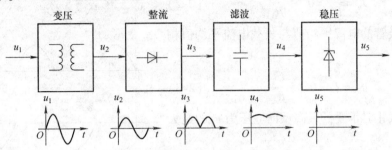

图2-2　直流稳压电源的组成原理框图

　　变压：将正弦工频交流电源电压变换为符合用电设备所需要的正弦工频交流电压。

　　整流：利用具有单向导电性能的整流器件，将正负交替变化的正弦交流电压变换成单方向的脉动直流电压。

　　滤波：尽可能地将单向脉动直流电压中的脉动部分（交流分量）减小，使输出电压成为比较平滑的直流电压。

　　稳压：使输出直流电压在电源发生波动或负载变化时保持稳定的措施。

◆　**任务描述**

💡 **看一看——单相半波整流电路**

　　单相半波整流电路如图2-3所示。

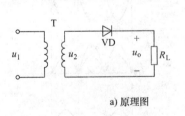

a) 原理图

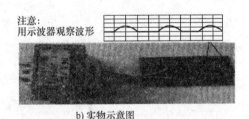

注意：
用示波器观察波形

b) 实物示意图

图2-3　单相半波整流电路

❓ **学一学——单相半波整流电路**

　　利用具有单向导电性能的整流器件如二极管等，将交流电转换成单向脉动直流电的电路称为整流电路。整流电路按输入电源相数可分为单相整流电路和三相整流电路，按输出波形又可分为半波整流电路和全波整流电路。目前广泛使用的是桥式整流电路。

　　单相半波整流电路的输出电压在一个工频周期内，只是正半周导电，在负载上得到的是半个正弦波。负半周时，二极管 VD 承受反向电压。单相半波整流波形图如图2-4所示。

　　单相半波整流电压的平均值为

$$U_o = \frac{1}{2\pi}\int_0^\pi \sqrt{2}U_2\sin\omega t\mathrm{d}(\omega t) = \frac{\sqrt{2}}{\pi}U_2 = 0.45U_2 \qquad (2\text{-}1)$$

流过负载电阻 R_L 的电流平均值为

$$I_o = \frac{U_o}{R_L} = 0.45\frac{U_2}{R_L} \qquad (2\text{-}2)$$

流经二极管的电流平均值与负载电流平均值相等，即

$$I_D = I_o = 0.45\frac{U_2}{R_L} \qquad (2\text{-}3)$$

二极管截止时承受的最高反向电压为 u_2 的最大值，即

$$U_{Rm} = U_{2m} = \sqrt{2}U_2 \qquad (2\text{-}4)$$

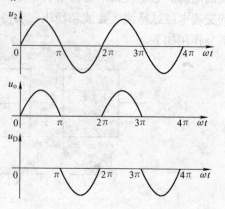

图 2-4　单相半波整流波形图

单相半波整流电路特点：结构简单，使用元器件少，但整流效率低，输出电压脉动大，因此，它只适用于要求不高的场合，如蓄电池充电器等，实际中不常用。

❓ 学一学——单相全波整流电路

单相全波整流电路如图 2-5 所示，波形图如图 2-6 所示。输出电压的平均值 U_o 为

$$U_o = \frac{1}{\pi}\int_0^\pi u_o\mathrm{d}(\omega t) = \frac{1}{\pi}\int_0^\pi \sqrt{2}U_2\sin(\omega t)\mathrm{d}(\omega t) \approx 0.9U_2 \qquad (2\text{-}5)$$

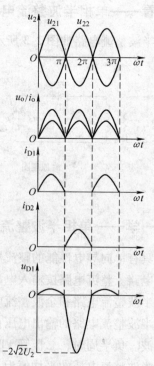

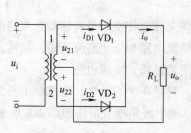

图 2-5　单相全波整流电路图　　　　　图 2-6　单相全波整流波形图

流过每个二极管的电流平均值为负载平均电流的一半，即

$$I_{D1} = I_{D2} = \frac{1}{2}I_o = \frac{1}{2}\frac{U_o}{R_L} \tag{2-6}$$

与半波整流相比，全波整流电路中的二极管所承受的最大反向电压增大了一倍。这是因为，变压器二次绕组有中心抽头，当二极管 VD_2 截止时，u_{21} 和 u_{22} 串联通过 VD_1 加在 VD_2 上；VD_1 截止时，u_{21} 和 u_{22} 串联通过 VD_2 加在 VD_1 上。如图 2-6 所示，其峰值为 u_{21} 或 u_{22} 峰值的两倍，即

$$U_{Rm} = 2\sqrt{2}U_2 \tag{2-7}$$

显然，全波整流的 U_o 提高了，脉动减小了。但变压器二次绕组的匝数增加了一倍，而且对于每半个绕组而言，也是只有一半时间通过电流，故变压器利用率仍然不高；另外，二极管承受的最大反向电压增加一倍。为了克服这些缺点，实际应用中通常采用桥式整流电路。

 练一练——单相半波整流电路

1. 连接单相半波整流电路

电路由电源变压器 T、整流二极管 VD、负载电阻 R_L 组成，如图 2-3 所示。

2. 测端电压及观察波形

（1）在变压器一次侧接入 AC 220V 交流电压，用示波器观察 u_2 和 R_L 两端电压 u_o 的波形。

（2）用万用表测变压器二次交流电压有效值 $U_2 = $ _____ V。

（3）用万用表测负载两端直流输出电压 $U_o = $ _____ V。

看一看——单相桥式整流电路

单相桥式整流电路实物如图 2-7 所示。

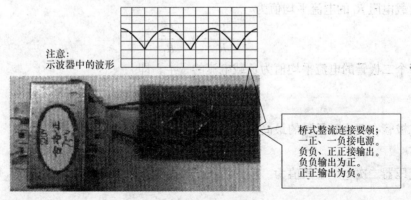

图 2-7 单相桥式整流电路实物

学一学——单相桥式整流电路

单相桥式整流电路原理如图 2-8 所示。

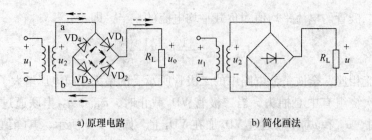

a) 原理电路　　　　　　　　b) 简化画法

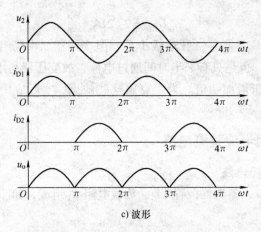

c) 波形

图2-8　单相桥式整流电路原理

当正半周时，二极管 VD_1、VD_3 导通，在负载电阻上得到正弦波的正半周。当负半周时，二极管 VD_2、VD_4 导通，在负载电阻上得到正弦波的负半周。在负载电阻上正、负半周经过合成，得到的是同一个方向的单向脉动电压。

单相全波整流电压的平均值为

$$U_o = \frac{1}{\pi}\int_0^\pi \sqrt{2}U_2\sin\omega t\,\mathrm{d}(\omega t) = 2\frac{\sqrt{2}}{\pi}U_2 = 0.9U_2 \tag{2-8}$$

流过负载电阻 R_L 的电流平均值为

$$I_o = \frac{U_o}{R_L} = 0.9\frac{U_2}{R_L} \tag{2-9}$$

流经每个二极管的电流平均值为负载电流的一半，即

$$I_D = \frac{1}{2}I_o = 0.45\frac{U_2}{R_L} \tag{2-10}$$

每个二极管在截止时承受的最高反向电压为 u_2 的最大值，即

$$U_{Rm} = U_{2m} = \sqrt{2}U_2 \tag{2-11}$$

整流变压器二次电压有效值为

$$U_2 = \frac{U_o}{0.9} = 1.11U_o \tag{2-12}$$

整流变压器二次电流有效值为

$$I_2 = \frac{U_2}{R_L} = 1.11\frac{U_2}{R_L} = 1.11I_o \tag{2-13}$$

由以上计算，可以选择整流二极管和整流变压器。

单相桥式整流电路特点：桥式整流电路提高了交流电源和变压器的利用率，输出电压高、波动小。

注意：整流电路中的二极管是作为开关运用的，整流电路既有交流量，又有直流量。通常输入（交流）用有效值或最大值；输出（交直流）用平均值；整流管正向电流用平均值；整流管反向电压用最大值。

例 2-1 有一直流负载需要直流电压 9V，直流电流 0.4A，若采用桥式整流电路，求电源变压器的二次电压，并选择二极管型号。

解：因为 $U_o = 0.9U_2$，所以

$$U_2 = \frac{U_o}{0.9} = \frac{9}{0.9}V = 10V$$

流过二极管的平均电流

$$I_D = \frac{1}{2}I_o = \frac{1}{2} \times 0.4A = 0.2A$$

二极管承受的最高反向工作电压

$$U_{Rm} = U_{2m} = \sqrt{2}U_2 = 1.41 \times 10V = 14.1V$$

选择二极管要求 $U_{Rm} \geq \sqrt{2}U_2 = 14.1V$，$I_{Rm} \geq I_D = 0.2A$。可选用最大整流电流为 1A，最高反向工作电压为 50V 的 IN4001 四只。

学一学——常用整流组合器件（桥堆）

将单相桥式整流电路的四只二极管制作在一起，封成一个整流组合器件称为整流桥。常用的整流组合器件有全桥堆（如图 2-9 所示）和半桥堆（如图 2-10 所示）。半桥堆的内部是由两个二极管组成，而全桥堆的内部是由四个二极管组成。

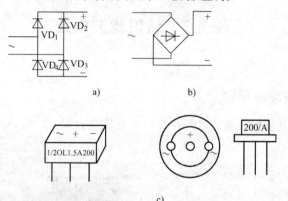

图 2-9 全桥堆连接方式及电路符号

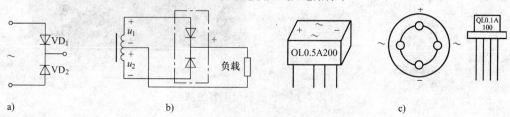

图 2-10 半桥堆连接方式及电路符号

练一练——单相桥式整流电路

1. 连接单相桥式整流电路

由电源变压器 T、整流二极管 $VD_1 \sim VD_4$、负载电阻 R_L 组成，如图 2-8 所示。

2. 测端电压及观察波形

（1）在变压器一次侧接入 AC 220V 交流电压，用示波器观察 u_2 和 R_L 两端电压 u_o 的波形。

（2）用万用表测变压器二次交流电压有效值 $U_2 = \underline{\hspace{2cm}}$ V。

（3）用万用表测负载两端直流输出电压 $U_o = \underline{\hspace{2cm}}$ V。

 练一练——全桥整流桥堆的检测

选用时应注意整流桥堆的额定工作电流和允许的最高反向工作电压应符合整流电路的要求。标"+"、"−"的引脚是整流输出直流电压的正、负端；标"～"端要与输入的交流电相连接。桥堆引脚的识别及质量检测在实际应用中有重要意义，如图 2-11 所示。

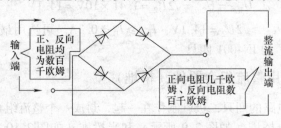

图 2-11　全桥整流桥堆的检测

任务 2　认识滤波电路

◆　**任务描述**

💡 **看一看——电容滤波电路**

在整流电路的输出端与负载端之间并联一个电解电容 C，如图 2-12 所示。

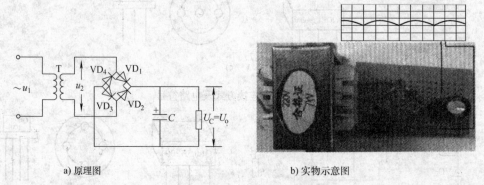

a) 原理图　　　　　　　　b) 实物示意图

图 2-12　桥式整流电容滤波

🅠学一学——基本滤波电路

整流电路将交流电变为脉动直流电，但其中含有直流和交流成分（称为纹波电压）。这样的直流电压作为电镀、蓄电池充电的电源还是允许的，但作为大多数电子设备的电源，将会产生不良影响，甚至不能正常工作。在整流电路之后，需要加接滤波电路，尽量减小输出电压中的交流分量，使之接近于理想的直流电压。

1. 电容滤波电路

（1）电容滤波电路的分析　桥式整流电容滤波电路原理如图 2-13 所示。

假定在 $t = 0$ 时接通电路，u_2 为正半周，当 u_2 由零上升时，VD_1、VD_3 导通，C 被充电，因此 $u_o = u_C \approx u_2$。在 u_2 达到最大值时，u_o 也达到最大值，见图 2-13b 中 a 点，然后 u_2 下降，此时 $u_C > u_2$，VD_1、VD_3 截止，电容 C 向负载电阻 R_L 放电，由于放电时间常数 $\tau = R_L C$ 一般较大，电容电压 u_C 按指数规律缓慢下降。当 $u_o(u_C)$ 下降到图 2-13b 中 b 点后，$u_2 > u_C$，VD_2、VD_4 导通，电容 C 再次被充电，输出电压增大，以后重复上述充、放电过程。

整流电路接入滤波电容后，不仅使输出电压变得平滑、纹波显著减小，同时输出电压的平均值也增大了。

半波整流滤波输出电压的平均值为

$$U_o = U_2$$

全波整流滤波输出电压的平均值近似为

$$U_o \approx 1.2U_2 \qquad (2-14)$$

二极管的导通时间缩短，一个周期的导通角 $\theta < \pi$。由于电容 C 充电的瞬时电流很大，形成了浪涌电流，容易损坏二极管，故在选择二极管时，必须留有足够电流裕量。

电容滤波电路简单，输出电压平均值 U_o 较高，脉动较小，但是二极管中有较大的冲击电流。因此，电容滤波电路一般适用于输出电压较高、负载电流较小并且变化也较小的场合。

（2）选择滤波电容

1）估算　容量——$C \geq (3 \sim 5)T/R_L$（T 为脉动电压周期）；耐压——$U_C \geq \sqrt{2}U_2$。

2）根据负载电流选取　滤波电容器容量的选用见表 2-1。

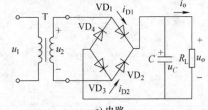

a) 电路

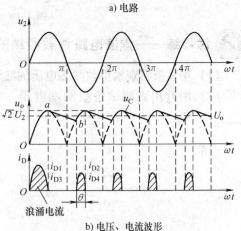

b) 电压、电流波形

图 2-13　桥式整流电容滤波电路原理

表 2-1　滤波电容器容量的选用

输出电流 I_o/A	2	1	0.5 ~ 1	0.1 ~ 0.5	0.05 ~ 0.15	0.05 以下
电容器容量/μF	3300	2200	1000	470	220 ~ 470	220

2. 电感滤波电路

图 2-14 所示电路是电感滤波电路。电感滤波适用于负载功率（电流）较大的场合，它的缺点是制作复杂、体积大、笨重且存在电磁干扰。

3. 其他形式滤波电路

（1）LC 型滤波电路　电感滤波电路输出电压平均值 U_o 的大小一般按经验公式计算

$$U_o = 0.9U_2 \tag{2-15}$$

如果要求输出电流较大，输出电压脉动很小时，可在电感滤波电路之后再加电容 C，组成 LC 滤波电路，如图 2-15 所示。

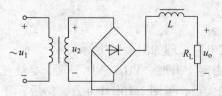

图 2-14　电感滤波电路

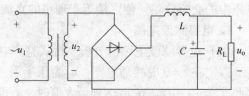

图 2-15　LC 滤波电路

（2）π 型滤波电路　为了进一步减小负载电压中的纹波，可采用如图 2-16 所示的 π 型 LC 滤波电路。

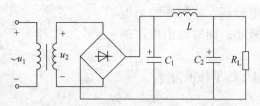

图 2-16　π 型 LC 滤波电路

练一练——滤波电路负载两端的电压及波形的检测

（1）用示波器观察负载两端电压的波形，比较并联电容前后的变化。

（2）用万用表测试负载两端电压，并联电容前 $U_o =$ ＿＿＿＿＿ V，并联电容后 $U_o =$ ＿＿＿＿＿ V。

学习情境 2　认识直流稳压电路

学习目标

➤ 了解直流稳压电源的组成。
➤ 理解串联型直流稳压电路、开关稳压电路的组成和工作原理。
➤ 会安装简单串联型直流稳压电路。
➤ 能调试、测量简单串联型直流稳压电路。

工作任务

➤ 识读串联型直流稳压电路、开关稳压电路的电路图。
➤ 安装简单串联型直流稳压电路。
➤ 记录简单串联型直流稳压电路测试结果并分析。

任务 1　串联型直流稳压电路

◆ **问题引入**

直流稳压电源是电子设备中的重要组成部分，用来将电网中交流电压变为稳定的直流电压。一般小功率直流电源由电源变压器、整流滤波电路和稳压电路等部分组成。稳压电路用来在交流电源电压波动或负载变化时，稳定直流输出电压。目前广泛采用集成稳压器，在小功率供电系统中多采用线性集成稳压器，而中、大功率稳压电源一般采用开关稳压器。

💡 **看一看——直流稳压电源实物图**

直流稳压电源实物如图 2-17 所示。

◆ **任务描述**

💡 **看一看——稳压管稳压电路**

稳压二极管稳压电路为最简单的稳压电路，如图 2-18 所示。因为稳压元器件与负载电阻并联，又称为并联型稳压电路。

图 2-17　直流稳压电源实物

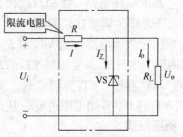

图 2-18　稳压管稳压电路

学一学——稳压管稳压电路的稳压原理

图 2-18 所示电路是利用稳压二极管反向导通后其两端电压基本不变的特性。当输入电压 U_i 或负载电阻 R_L 发生变化时，将引起回路电流 I 的变化，但因稳压二极管 VS 两端的电压即输出电压 U_o 不随电流 I_Z 的变化而变化，所以 I 的变化全部体现在电阻 R 两端的压降变化上，从而使 U_o 保持稳定。稳压过程如下：

$$U_i\uparrow\rightarrow I_Z\uparrow\rightarrow I_o\uparrow$$
$$U_o\downarrow\leftarrow U_R\uparrow\leftarrow$$

使用注意：①稳压二极管两端必须加上大于其击穿电压的反向电压，以保证稳压二极管工作在反向击穿区。②串联适当阻值的电阻，限制击穿后的反向电流，使反向电流和耗散功率均不超过其允许值。

电路特点：元器件少且简单、负载能力差、输出电压即稳压二极管的稳压值不可调。

硅稳压管稳压电路结构简单，设计制作方便，适用于负载电流较小的电子设备中。但是，这种电路一旦选定稳压管后，输出电压不可随意调节，而且也不适用于电网电压和负载电流变化较大的场合。为了克服上述缺点，可以采用串联型直流稳压电路。目前主要使用的是集成三端稳压器。

 学一学——晶体管串联型稳压电路

晶体管串联型稳压电路的原理图和框图如图 2-19 所示。

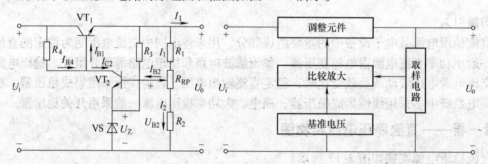

图 2-19 晶体管串联型稳压电路的原理图和框图

1. 电路组成及各部分作用

（1）取样电路 由 R_1、R_{RP}、R_2 构成，其作用是从输入电压 U_o 中取出部分电压送 VT$_2$ 的基极，调节 R_{RP} 可改变取样电压。

（2）基准电压电路 由稳压二极管 VS 和限流电阻 R_3 组成，其作用是为 VT$_2$ 的发射极提供基准电压，作为调整比较的标准。

（3）比较放大电路 由 VT$_2$ 和 R_4 构成，其作用是将取样电压与基准电压进行比较，用比较后的误差电压 U_{BE2} 去控制 VT$_1$ 的基准电流。

（4）调整器件 VT$_1$ 为调整管，工作在放大区。因其与 R_L 串联，故称串联型电源。改变 I_{B1} 则 VT$_1$ 的 C、E 间电阻可变，从而自动调节 U_{CE1}，保持 U_o 稳定。

2. 稳压原理

当 U_i 或 R_L 变化时，稳压过程如下：

$$U_i \text{或} R_L \uparrow \rightarrow U_o \uparrow \rightarrow U_{B2} \uparrow \rightarrow U_{BE2} \uparrow \rightarrow I_{B2} \uparrow \rightarrow I_{C2} \uparrow \rightarrow U_{B1} \downarrow \rightarrow I_{C1} \downarrow \rightarrow U_{CE1} \uparrow \rightarrow U_o \downarrow$$

3. 输出电压的调节

按分压关系

$$U_{B2} = \frac{R_2 + R_{RP(\text{下})}}{R_1 + R_2 + R_{RP}} U_o$$

则

$$U_o = \frac{R_1 + R_2 + R_{RP}}{R_2 + R_{RP(\text{下})}} (U_Z + U_{BE2})$$

因 $U_Z \gg U_{BE2}$，则

$$U_o = \frac{R_1 + R_2 + R_{RP}}{R_2 + R_{RP(\text{下})}} U_Z$$

$\dfrac{R_2 + R_{RP(\text{下})}}{R_1 + R_2 + R_{RP}}$ 为分压比，用 n 表示，则

$$U_o = \frac{U_Z}{n} \tag{2-16}$$

结论：只要改变 RP 的抽头位置，便可改变电路分压比，从而调整输出电压 U_o 的大小。

4. 提高电源稳压性能的措施

（1）取样电阻　选用金属膜电阻，使分压比 n 更稳定。

（2）稳压二极管　选温度系数小的硅稳压二极管，使 U_Z 更稳定。

（3）比较放大管　选 β 大的晶体管，使调压灵敏，稳压性能好。

（4）调整管　当输出功率较大时，要选大功率晶体管，可用复合管作调整管以提高 β 值。

比较放大电路也可采用集成运放，如图 2-20 所示。

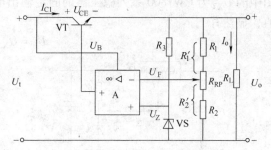

图 2-20　采用集成运放的串联型稳压电路

🔘 学一学——三端稳压器

三端式稳压器只有三个引出端子，具有外接元器件少、使用方便、性能稳定、价格低廉等优点，因而得到广泛应用。三端式稳压器有两种：一种输出电压是固定的，称为固定输出三端稳压器；另一种输出电压是可调的，称为可调输出三端稳压器。它们的基本组成及工作原理都相同，均采用串联型稳压电路。

1. 固定输出的稳压器

三端固定输出集成稳压器通用产品有 CW7800 系列（正电源）和 CW7900 系列（负电源）。

图 2-21 所示为 CW7800 和 CW7900 系列塑料封装和金属封装三端集成稳压器的外形及引脚排列。

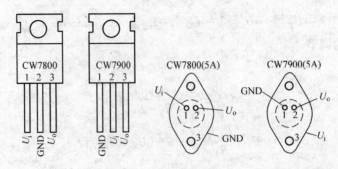

图 2-21　三端固定输出集成稳压器的外形及引脚排列

图 2-22 所示为 CW7800 系列集成稳压器的基本应用电路。由于输出电压取决于集成稳压器，所以图 2-22 输出电压为 12V，最大输出电流为 1.5A。

2. 提高输出电压的电路

实际需要的直流稳压电源，如果超过集成稳压器的输出电压数值时，可外接一些元器件提高输出电压，图 2-23a 所示电路能使输出电压高于固定电压，图中的 U_{XX} 为 CW7800 系列稳压器的固定输出电压数值，显然有

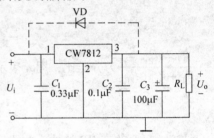

图 2-22　CW7800 系列基本应用电路

$$U_o = U_{XX} + U_Z$$

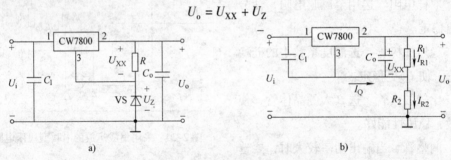

图 2-23　提高输出电压电路

也可采用图 2-23b 所示的电路提高输出电压。图中 R_1、R_2 为外接电阻，R_1 两端的电压为三端集成稳压器的额定输出电压 U_{XX}，R_1 上流过的电流为 $I_{R1} = U_{XX}/R_1$，三端集成稳压器的静态电流为 I_Q，则有

$$I_{R2} = I_{R1} + I_Q \tag{2-17}$$

3. 输出正、负电压的电路

图 2-24 所示为采用 CW7815 和 CW7915 三端稳压器各一块组成的具有同时输出 +15V ~ -15V 电压的稳压电路。

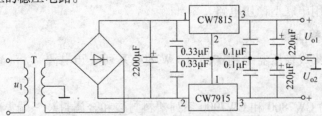

图 2-24　正、负同时输出的稳压电源

4. 恒流源可调稳压电路

集成稳压器输出端串入阻值合适的电阻，就可以构成输出恒定电流的电源，如图 2-25 所示。图中 R_L 为输出负载电阻，CW7805 为金属封装，电源输入电压 $U_i = 10V$，输出电压 $U_{23} = 5V$，因此可求得向 R_L 输出的电流 I_o 为

$$I_o = \frac{U_{23}}{R} + I_Q \tag{2-18}$$

I_Q 是稳压器的静态工作电流，由于它受 U_i 及温度变化的影响，所以只有当 $U_{23}/R \gg I_Q$ 时，输出电流 I_o 才比较稳定。由图可知，$U_{23}/R = 5V/10\Omega = 0.5A$，显然比 I_Q 大得多，故 $I_o \approx 0.5A$，受 I_Q 的影响很小。

 练一练——简单串联型直流稳压电路的安装与调试

（1）稳压电路　简单串联型直流稳压电路如图 2-26 所示。图中 R_1 为 3kΩ，VT 为大功率硅管 3DD102C，VS 为稳压二极管，标识为 6.2V。

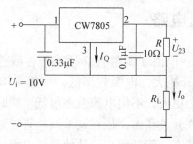 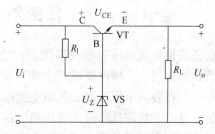

图 2-25　恒流源电路　　　　　　　图 2-26　简单串联型直流稳压电路

（2）仪器仪表工具　0～30V 双路直流稳压电源，万用表 1 只，镊子 1 把。

（3）安装步骤

1）识读简单串联型直流稳压电路图。

2）根据阻值大小和晶体管型号正确选择器件。电阻 R_1 选择碳膜电阻，色环为橙黑红金，代表阻值 3kΩ；调整管 VT 选择硅材料大功率晶体管，标识型号为 3DD102C，同时附带有散热片；稳压管 VS 选择标识为 6.2V 的稳压二极管。

3）电阻、稳压二极管和晶体管引脚正确成形，注意元器件成形时尺寸须符合电路通用板插孔间距要求。

4）在电路通用板上按测试电路图正确插装成形好的元器件，并用导线把它们连接好。注意稳压二极管的正、负极和晶体管的 E、B、C 极。

（4）测试步骤

1）按上述安装步骤完整接好电路，如图 2-27 所示，并复查，通电检测。

2）调整管稳压管的测量。

① 接入输入电压 $U_i = 20V$，用万用表测得 VT 管的各电极电压，$U_E = \underline{\hspace{2cm}}$ V，$U_B = \underline{\hspace{2cm}}$ V，$U_C = \underline{\hspace{2cm}}$ V，VT 管工作在 $\underline{\hspace{2cm}}$ （放大/饱和/截止）状态。

② 用万用表测得稳压管 VS 的稳压值 $U_Z = \underline{\hspace{2cm}}$ V，该电压是 $\underline{\hspace{2cm}}$ （反向击穿电压/正向电压）。

3）接入输入电压 $U_i = 20V$，负载电阻 $R_L = 10k\Omega$，测量输出电压 U_o，并记录 $U_o = $

_____ V。

4）改变输入电压，使 $U_i = 25V$，负载电阻 R_L 不变，测量输出电压 U_o，并记录 U_o = _____ V。

5）改变负载电阻，使 $R_L = 5k\Omega$，输入电压 U_i 不变，测量输出电压 U_o，并记录 U_o = _____ V。

（5）实训总结

1）步骤4）结果表明，当输入电压在一定范围内变化时，电路的输出电压_____（基本保持不变/随输入电压变化而变化）。

2）步骤5）结果表明，当负载电阻在一定范围内变化时，电路的输出电压_____（可以基本保持不变/随负载电阻变化而变化）。

3）分析讨论在调试过程中出现的问题。

4）写出实训报告。

任务 2　开关稳压电路

前述线性集成稳压器有很多优点，使用也很广泛。但由于调整管必须工作在线性放大区，管压降比较大，同时要通过全部负载电流，所以管耗大，电源效率低，一般为 40% ~ 60%。特别在输入电压升高、负载电流很大时，管耗会更大，不但电源效率很低，同时使调整管的工作可靠性降低。开关稳压电源的调整管工作在开关状态，依靠调节调整管导通时间来实现稳压。由于调整管主要工作在截止和饱和两种状态，管耗很小，故使稳压电源的效率明显提高，可达 80% ~ 90%，而且这一效率几乎不受输入电压大小的影响，即开关稳压电源有很宽的稳压范围。由于效率高，使得电源体积小、重量轻。开关稳压电源的主要缺点是输出电压中含有较大的纹波。但由于开关稳压电源优点显著，故发展非常迅速，使用也越来越广泛。

学一学——串联型开关稳压电路

图 2-27 所示为串联型开关稳压电路组成框图。图中，VT 为开关调整管，它与负载 R_L 串联；VD 为续流二极管，L、C 构成滤波器；R_1 和 R_2 组成取样电路，A_1 为误差放大器，A_2 为电压比较器，它们与基准电压源、三角波发生器组成开关调整管的控制电路。误差放大器对来自输出端的取样电压 u_F 与基准电压 U_{REF} 的差值进行放大，其输出电压 u_A 送到电压比较器 A_2 的同相输入端。三角波发生器产生一频率固定的三角波电压 u_T，它决定了电源的开关频率。u_T 送至电压比较器 A_2 的反相输入端与 u_A 进行比较，当 $u_A > u_T$ 时，电压比较器 A_2 输出电压 u_B 为高电平，当 $u_A < u_T$ 时，电压比较器 A_2 输出电压 u_B 为低电平，u_B 控制开关调整管 VT 的导通和截止。开关稳压电路的电压、电流波形如图 2-28 所示。

电压比较器 A_2 输出电压 u_B 为高电平时，调整管 VT 饱和导通，若忽略饱和压降，则 $u_E \approx U_i$，二极管 VD 承受反向电压而截止，u_E 通过电感 L 向 R_L 提供负载电流。由于电感自感电动势的作用，电感中的电流 i_L 随时间线性增长，L 同时存储能量，当 $i_L > I_o$ 后继续上升，电容 C 开始被充电，u_o 略有增大。电压比较器 A_2 输出电压 u_B 为低电平时，调整管截止，$u_E \approx 0$ 因电感 L 产生相反的自感电动势，使二极管 VD 导通，于是电感中储存的能量通过 VD

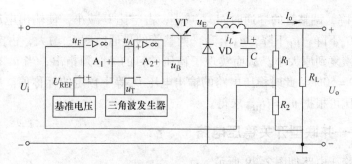

图 2-27　串联型开关稳压电路组成框图

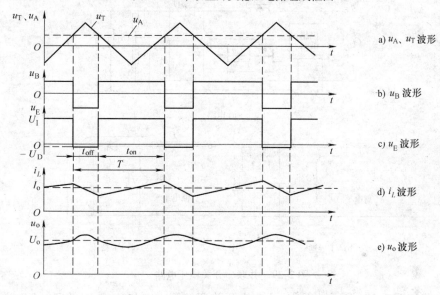

图 2-28　开关稳压电路的电压、电流波形

向负载释放，使负载 R_L 中继续有电流通过，所以将 VD 称为续流二极管，这时 i_L 随时间线性下降，当 $i_L < I_o$ 后，C 开始放电，u_o 略有下降。u_E、i_L、u_o 波形如图 2-28c、图 2-28d、图 2-28e 所示，图中，I_o、U_o 为稳压电路输出电流、电压的平均值。由此可见，虽然调整管工作在开关状态，但由于二极管 VD 的续流作用和 L、C 的滤波作用，仍可获得平稳的直流电压输出。

开关调整管的导通时间为 t_{on}，截止时间为 t_{off}，开关的转换周期为 T，$T = t_{on} + t_{off}$，它决定于三角波电压 u_T 的频率。显然，忽略滤波器电感的直流压降、开关调整管的饱和压降以及二极管的导通压降，输出电压的平均值为

$$U_o \approx \frac{U_i}{T} t_{on} = D U_i \tag{2-19}$$

式中的 $D = t_{on}/T$ 称为脉冲波形的占空比。式（2-19）表明，U_o 正比于脉冲占空比 D，调节 D 就可以改变输出电压的大小，因此，将图 2-27 所示电路称为脉宽调制（PWM）式开关稳压电路。

根据以上分析可知，在闭环情况下，电路能根据输出电压的大小自动调节调整管的导通和关断时间，维持输出电压的稳定。当输出电压 U_o 升高时，取样电压 u_F 增大，误差放大器

的输出电压 u_A 下降，调整管的导通时间 t_{on} 减小，占空比 D 减小，使输出电压减小，恢复到原大小。反之，U_o 下降，u_F 下降，u_A 上升，调整管的导通时间 t_{on} 增大，占空比 D 增大，使输出电压增大，恢复到原大小。从而实现了稳压的目的。必须指出，当 $u_F = U_{REF}$ 时，$u_A = 0$，脉冲占空比 $D = 50\%$，此时稳压电路的输出电压 U_o 等于预定的标称值。所以，稳压电源取样电路的分压比可根据 $u_F = U_{REF}$ 求得。

② 学一学——并联型开关稳压电路

并联型开关稳压电路如图 2-29 所示。

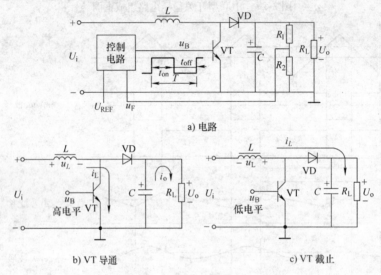

a) 电路

b) VT 导通   c) VT 截止

图 2-29   并联型开关稳压电路

原理电路如图 2-29a 所示，图中，VT 为开关调整管，它与负载 R_L 并联，VD 为续流二极管，L 为滤波电感，C 为滤波电容，R_1、R_2 为取样电路，控制电路的组成与串联开关稳压电路相同。当控制电路输出电压 u_B 为高电平时，VT 管饱和导通，其集电极电位近似为零，使 VD 管反偏而截止，输入电压 U_i，通过电流 i_L 使电感 L 储能，同时电容 C 对负载放电供给负载电流，如图 2-29b 所示。当控制电路输出电压 u_B 为低电平时，VT 管截止，由于电感 L 中电流不能突变，这时在 L 两端产生自感电压 u_L 并通过 VD 管向电容 C 充电，以补充放电时所消耗的能量，同时向负载供电，电流方向如图 2-29c 所示。此后 u_B 再为高电平、低电平，VT 管再次导通、截止，重复上述过程。因此，在输出端获得稳定的、且大于 U_i 的直流电压输出。可以证明，并联型开关稳压电路的输出电压 U_o 等于

$$U_o \approx \left(1 + \frac{t_{on}}{t_{off}}\right)U_i \tag{2-20}$$

式中的 t_{on}、t_{off} 分别为开关调整管导通和截止的时间。

由式（2-20）可见，并联型开关稳压电路的输出电压总是大于输入电压，且 t_{on} 越长，电感 L 中储存的能量越多，在 t_{off} 期间内向负载提供的能量越多，输出电压也就越大于输入电压。

小　结

1. 直流稳压电源是电子设备中的重要组成部分，用来将电网中交流电压变为稳定的直流电压。一般小功率直流电源由电源变压器、整流滤波电路和稳压电路等部分组成。对直流稳压电源的主要要求是：输入电压变化以及负载变化时，输出电压应保持稳定，即直流电源的电压调整率及输出电阻越小越好。此外，还要求纹波电压要小。

2. 整流电路利用二极管的单向导电特性，将交流电压变成单方向的脉动直流电压。目前广泛采用整流桥构成桥式整流电路。为了消除脉动电压的纹波需采用滤波电路，单相小功率电源常采用电容滤波。在桥式整流电容滤波电路中，当 $R_L C \geq (3 \sim 5) T/2$ 时，输出电压 $U_o \approx 1.2 U_2$（U_2 为变压器二次电压的有效值）。

3. 稳压电路用来在交流电源电压波动或负载变化时，稳定直流输出电压。目前广泛采用集成稳压器。在小功率供电系统中多采用线性集成稳压器；中、大功率稳压电源一般采用开关稳压器。

4. 线性集成稳压器中调整管与负载相串联，且工作在线性放大状态。线性稳压器由调整管、基准电压、取样电路、比较放大电路以及保护电路等组成。开关稳压器中调整管工作在开关状态，其效率比线性稳压器高得多，而且这一效率几乎不受输入电压大小的影响，即开关稳压电源有很宽的稳压范围。

习　题

一、填空题

1. 常见二极管单相整流电路有_____电路、_____电路、_____电路。

2. 选用整流二极管时应着重考虑二极管的_____和_____这两个主要参数。

3. 稳压二极管的管芯属于_____接触，它的伏安特性曲线与普通二极管的伏安特性曲线相似，只是正向导通特性曲线和反向击穿特性曲线均比普通二极管_____。正常工作时工作在_____区。

4. 大小波动、方向不变的电压或电流，称为_____直流电。

5. 在整流与负载之间接入滤波电路。若接电容滤波电路，要将滤波电容与负载_____联；若接电感滤波电路，要将滤波电感与负载_____联。

6. 在单相桥式整流电路中，变压器二次电压为 10V，则二极管的最高反向工作电压应不小于_____V，若负载电流 1000mA，则每只二极管的平均电流应大于_____mA。

7. 稳压电源按电压调整器件与负载 R_L 的连接方式可分为_____型和_____型两大类。

8. 带有放大环节的串联型稳压电源主要由以下四部分组成：_____、_____、_____和_____。

二、选择题

1. 若某一单相桥式整流电路中，有一只整流二极管击穿短路，则（　　）。
   A. U_o 会升高　　　B. U_o 会下降　　　C. 不能正常工作　　　D. 仍可工作

2. 若某一单相桥式整流电路中，有一只整流二极管断路，则（　　）。
   A. U_o 会升高　　　B. U_o 会下降　　　C. 不能正常工作　　　D. 仍可工作

3. 稳压电路的位置一般在（　　）的后面。

    A. 信号源　　　　　　B. 电源变压器　　　　　C. 整流电路　　　　　　D. 滤波电路

4. 要获得 +9V 的稳压电压，集成稳压器的型号选用（　　）。

    A. CW7810　　　　　B. CW7909　　　　　　C. CW7912　　　　　　D. CW7809

5. 用万用表直流电压挡测量一只接在稳压电路中的稳压二极管 2CW15 两端的电压，发现读数为 0.7V，这种情况是（　　）。

    A. 稳压二极管接反了　　　　　　　　　　B. 稳压二极管击穿了

    C. 稳压二极管烧坏了　　　　　　　　　　D. 电压表读数不准

6. 晶体管串联型稳压电源中调整管的工作状态是（　　）。

    A. 放大状态　　　　　B. 开关状态

7. 串联型稳压电路中输出电压调整器件是（　　）。

    A. 稳压二极管　　　　B. 晶体管

三、判断题

1. 整流输出电压加电容滤波后，电压波动减小了，输出电压也下降了。　　　　　　（　　）

2. 桥式整流电路也是一种全波整流电路。　　　　　　　　　　　　　　　　　　（　　）

3. 滤波电容耐压必须大于变压器二次电压 U_2 的峰值，即 $U_C \geqslant \sqrt{2} U_2$。　　（　　）

4. 面接触型和平面型二极管 PN 结接触面积大，适合于在整流电路中使用。　　　（　　）

5. 在半波整流电路中，接入滤波电容时的输出电压平均值 $U_o = U_2$。　　　　（　　）

6. 电感滤波器的输出电流较小，滤波效果较好。　　　　　　　　　　　　　　　（　　）

7. 串联型稳压电源调整管的基极电流 I_B 减小，输出电压一定降低。　　　　　（　　）

8. 比较放大管的电压放大倍数越大，则稳压效果越好。　　　　　　　　　　　　（　　）

四、分析与计算题

1. 图 2-30 所示桥式整流、电容滤波电路中，已知 $R_L = 50\Omega$，$C = 2200\mu F$，用交流电压表量得 $U_2 = 20V$。如果用直流电压表测得输出电压 U_o 有下列几种情况：(1)28V；(2) 24V；(3) 20V；(4) 18V；(5) 9V，试分析电路工作是否正常并说明出现故障的原因。

2. 图 2-31 为变压器二次绕组有中心抽头的单相整流滤波电路，二次电压有效值为 U_2，试解答：

(1) 标出负载电阻 R_L 上电压 U_o 和滤波电容 C 的极性。

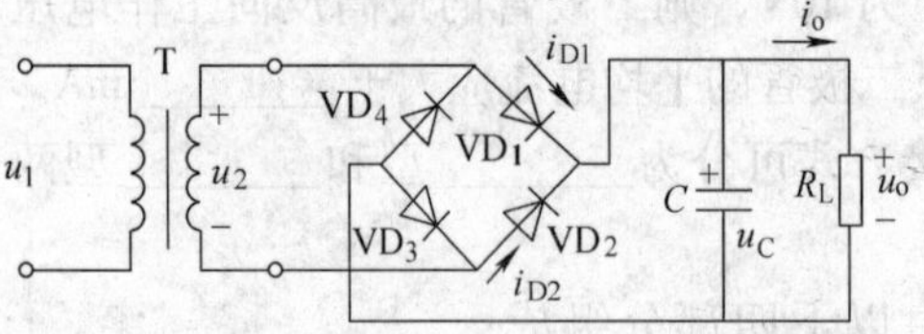

图 2-30 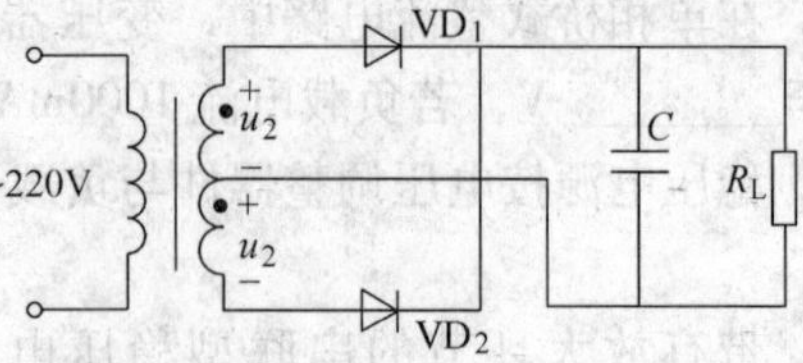　　　　　　　　　　　　　　　　　图 2-31

(2) 分别画出无滤波电容和有滤波电容两种情况下输出电压 U_o 的波形。说明输出电压平均值 U_o 与变压器二次电压有效值 U_2 的数值关系。

(3) 无滤波电容的情况下，二极管上所承受的最高反向电压 U_{Rm} 为多少？

(4) 如果二极管 VD_2 脱焊，极性接反，短路，电路会出现什么问题？

(5) 如果变压器二次绕组中心抽头脱焊，这时会有输出电压吗？

（6）在无滤波电容的情况下，如果 VD_1，VD_2 的极性都接反，U_o 会有什么变化？

3. 桥式整流电容滤波电路中，已知负载电阻 $R_L = 20\Omega$，交流电源频率为 $50Hz$。要求输出电压 $U_o = 12V$，试求变压器二次电压有效值 U_2，并选择整流二极管和滤波电容。

4. 试分析图 2-32 所示电路的工作原理，求出 C_1，C_2，C_3 电容两端电压，设二极管具有理想特性。

5. 电路如图 2-33 所示。试说明各元器件的作用，并指出电路在正常工作时的输出电压值。

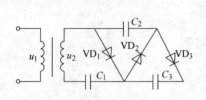

图 2-32

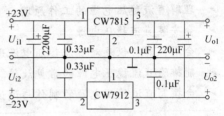

图 2-33

6. 电路如图 2-34 所示。已知电流 $I_Q = 5mA$，试求输出电压 $U_o = ?$

7. 电路如图 2-35 所示。试求输出电压的调节范围，并求输入电压的最小值。

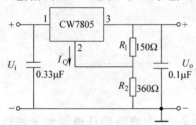

图 2-34

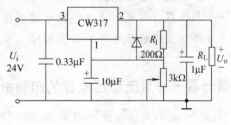

图 2-35

8. 图 2-36 为一种开关型稳压电源的基本原理图。试说明它的工作原理，并画出图中 u_B，u_C，u_o 的波形。

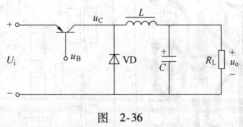

图 2-36

学习情境 3 直流稳压电源制作实例

看一看——直流稳压电源的印制电路板图

图 2-37 所示为直流稳压电源的印制电路板图。图 2-38 为直流稳压电源的元器件排布图。

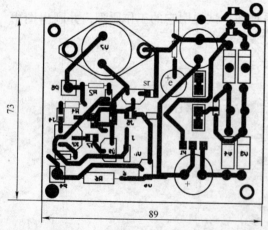

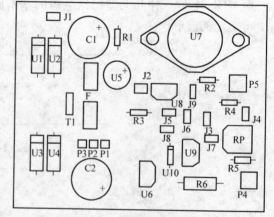

图 2-37　直流稳压电源的印制电路板图（正反面合成）　　图 2-38　直流稳压电源的元器件排布图

 ## 学一学——直流稳压电源

1. 复合管作为调整管

在稳压电路中，负载电流要流过调整管，输出大电流的电源必须使用大功率的调整管，这就要求有足够大的电流供给调整管的基极，而比较放大电路供不出所需要的大电流。另一方面，调整管需要有较高的电流放大倍数，才能有效地提高稳压性能，但是大功率晶体管一般电流放大倍数都不高。解决这些矛盾的办法，是在原有的调整管基础上用几个大功率晶体管组成复合管。用复合管 VT_7、VT_8 做调整管的稳压电源电路如图2-39所示。

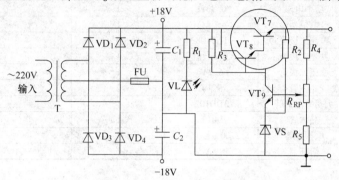

图2-39　复合管做调整管的直流稳压电源

2. 带有保护电路的稳压电源

在稳压电路中，要采取短路保护措施，以保证安全可靠地工作。普通熔断器熔断较慢，用加熔断器的办法达不到保护作用，而必须加装保护电路。图2-40所示为带有保护电路的直流稳压电源。

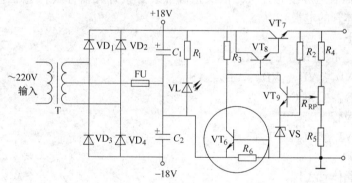

图2-40　带有保护电路的直流稳压电源

保护电路的作用是保护调整管在电路短路、电流增大时不被烧毁，称之为短路保护、过电流保护。其基本方法是，当输出电流超过某一值时，使调整管处于反向偏置状态，从而截止，自动切断电路电流。

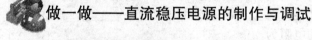 做一做——直流稳压电源的制作与调试

1. 元器件规格和测试表

元器件规格和测试结果见表2-2。

表2-2　元器件规格和测试结果

编　号	名　称	规格及型号	数　量	使用挡位	测试结果
R_1	电阻	2kΩ	1		
R_2	电阻	3kΩ	1		
R_3	电阻	2kΩ	1		
R_4	电阻	100kΩ	1		

（续）

编 号	名 称	规格及型号	数 量	使用挡位	测试结果
R_5	电阻	680Ω	1		
R_6	功率电阻	0.33Ω	1		
RP	电位器	4.7kΩ	1		
$VD_1 \sim VD_4$	整流二极管	1N5408	4		
VL	发光二极管	φ3mm 红色	1		
VS	稳压二极管	6.2V	1		
VT_6、VT_9	晶体管	9014	2		
VT_7	大功率晶体管	3DD102	1		
VT_8	晶体管	9013	1		
C_1、C_2	电解电容	2200μF/16V	1		
FU	熔断器	2A	1		

2. 实践制作工具及仪器仪表

电烙铁 1 把，焊锡丝，普通万用表 1 只，示波器 1 台，直流稳压电源 1 台。

3. 实践制作过程

（1）识读串联型稳压电源电路原理图和印制电路板图。

（2）先在印制电路板上找到相对应的元器件的位置，将元器件成形。

（3）采用边插装边焊接的方法，依次正确插装焊接好元器件（注意二极管、电解电容的正、负极，晶体管的电极）。

插装步骤如下：

插装电阻 R_1、R_2、R_3、R_4、R_5、R_6。

插装二极管 VD_1、VD_2、VD_3、VD_4、VS_{10}。

插装电解电容器 C_1、C_2。

插装发光二极管 VL。

插装晶体管 VT_6、VT_8、VT_9。

插装熔断器 FU。

插装大功率晶体管 VT_7。

（4）用电烙铁焊接好变压器（注意此时不要急于把变压器的一次侧和交流电源相连）。

（5）检查焊接的电路中元器件是否有假焊、漏焊，以及元器件的极性是否正确。

（6）通电试验，观察电路通电情况。

4. 整机调测

（1）测在路直流电阻　在路直流电阻的测量，在不通电的情况下进行。

用万用表电阻挡测变压器一次侧电阻为_____，二次侧电阻为_____；测 P_1、P_2 之间的电阻为_____；测 P_5、P_4 之间的电阻为_____。

（2）通电调测　当测得各在路直流电阻正常时，即可认为电路中无明显的短路现象，可用单手操作法进行通电调测。它可以有效地避免因双手操作不慎而引起的电击等意外事故。

1）变压器部分　用万用表交流电压挡，选择合适量程测电源变压器一次电压为_____V，二次电压为_____V。

2）整流滤波部分（断开 J_1）　用万用表直流电压挡测 P_1、P_2 测试点之间电压，$U_{P1P2}=$_____V，此电压即为_____（正/负）电压；测 P_3、P_2 测试点之间电压，$U_{P3P2}=$_____V，此电压即为_____（正/负）电压。注意：P_2 为测试的零电位参考点。

3）稳压部分（接上 J_1）

① 用万用表直流电压挡搭接于输出端，不接负载，调节电位器电阻值 R_{RP}，测量稳压电路输出电压 U_o _____（改变/不改变），当输出电压 U_o 改变时，说明稳压电路正常工作。

测量输出电压 U_o 的最大值为 $U_{omax} = $ _____；最小值为 $U_{omin} = $ _____。

② 调节 R_{RP} 使输出电压为 12V。断开 J_8 时，测量 VS 管两端电压为 _____；接上 J_8 时，测量 VS 管两端电压为 _____，VS 管两端电压 _____（有或没有）变化，说明 R_2 的作用是 _____。

4）保护电路部分 采用瞬时短路法，将稳压电源输出端短路，测量短路前后各电压值，填入表 2-3 中。

表 2-3

	U_o	U_{CE6}	U_{CE7}	U_{CE8}	U_{CE9}
短路前					
短路后					

（3）注意事项

做该项实践内容时，短路时间不能太长，否则会因短路电流太大，导致调整管发热而损坏，所以采用瞬时短路法时，首先将万用表搭在被测电压的测试点上，然后用短路线将输出端短接一下，测出短路后的电压时应立即放开短路线。

5. 稳压电源质量指标测试

（1）稳压系数 S_r 利用直流稳压电源在 P_1P_2 间直接加入 U_i 为 18V 电压，调节 R_{RP}，使输出电压为 12V，改变输入电压 U_i（见表 2-4），用万用表测出此时的输出电压 U_o，将测量结果记入表 2-4 中。

表 2-4

U_i/V	19.8	16.2
U_o/V		
$S_r = \dfrac{\Delta U_o/U_o}{\Delta U_i/U_i}$		

（2）输出电阻 R_o 的测试 空载时，调节 R_{RP}，使输出电压为 12V，然后接入不同的负载电阻（见表 2-5），用万用表测量相应的输出电压，将测量结果记入表 2-5 中，计算输出电阻 R_o。

表 2-5

负载电阻 R_L/Ω	12000	1200	560
输出电压 U_o/V			
$I_L = U_o/R_L/mA$			

想一想——直流稳压电源常见故障及排除方法

进行故障维修时，首先根据故障现象进行判断，以划分故障的大致位置，方可着手修理。表2-6为直流稳压电源常见故障现象和排除方法。

表2-6 直流稳压电源常见故障现象和排除方法

序　号	故 障 现 象	故障部位及排除方法
1	P_1P_2 或 P_3P_2 之间无交流电压输出	检查熔断器有无断路现象。如断路，则接上熔断器；没有断路，则检查电桥上的每只整流二极管是否断路，如果断路则重新接好
		检查电源变压器一、二次绕组是否断路。如断路，则接好相应的绕组部位；没有断路，则检查电源插头是否插接好
2	烧熔断器	检查 C_1 或 C_2 有无短路现象。如短路，则更换 C_1 或 C_2；没有短路，则检查电桥上的每只整流二极管是否短路，如果短路则更换二极管
		检查负载是否短路
3	输出电压高	检查比较放大管 VT 的发射结是否存在断路现象。如断路，则更换晶体管；没有断路，检查采样电路中的电阻 R_6 是否存在断路现象，如断路，则接好电阻 R_6 或更换，没有断路，则检查电位器 RP 的触点是否良好
		检查调整管 VT_7 的集射之间是否存在短路现象。如短路，则更换晶体管；没有短路，则检查调整管 VT_8
4	输出电压低或为零	检查调整管 VT_7 的发射结之间是否存在断路现象。如断路，则更换调整管 VT_7；没有断路，检查偏电阻 R_3 是否存在断路现象
		检查 R_5 是否存在断路现象
		稳压管 VS 是否存在短路或接反现象

 写一写——直流稳压电源制作与调试任务书

（1）直流稳压电源的制作指标

1）输出电压 $U_o = 12V$。

2）最大输出电流 $I_{omax} = 1A$。

3）输出纹波小于 5mV。

（2）直流稳压电源的制作要求

1）画出实际设计电路原理图和印制电路板图。

2）写出元器件及参数选择。

3）元器件的检测。

4）元器件的预处理。

5）基于印制电路板的元器件焊接与电路装配。

6）在制作过程中发现问题并能解决问题。

（3）实际电路检测与调试　选择测量仪表与仪器，对电路进行实际测量与调试。

（4）制作与调试报告书　撰写直流稳压电源的制作与调试报告书，写出制作与调试全过程，附上有关资料和图样，有心得体会。

项目3 函数信号发生器的制作与调试

本项目学习载体是函数信号发生器的制作与调试。本项目包含三个学习情境：集成运算放大电路、信号发生器及函数信号发生器的制作与调试。这三个学习情境都在电子技术实训室进行。学生完成本项目的学习后，会将集成运算放大器的线性应用用于测量放大器及电流—电压转换电路；会运用集成运算放大器的非线性应用制作方波发生器、三角波发生器及报警电路；会制作和调试函数信号发生器。

 学习目标

- 了解差动放大电路的概念和差动放大电路的作用。
- 理解集成运算放大器的基本构成和电路的结构特点。
- 理解集成运算放大器工作在不同区域时的特点及分析方法。
- 理解常用集成运算放大器应用电路的性能及结构特点。
- 会运用集成运算放大器的线性应用进行模拟运算。
- 会将集成运算放大器的线性应用用于测量放大器及电流—电压转换电路。
- 会运用集成运算放大器的非线性应用制作方波产生电路、三角波产生电路。
- 会运用集成运算放大器的非线性应用制作报警电路。
- 会制作函数信号发生器。

 工作任务

- 进行集成运算放大器的模拟运算——比例、加法、减法、积分及微分。
- 将集成运算放大器的线性应用用于测量放大器及电流—电压转换电路。
- 制作方波产生电路、三角波产生电路。
- 制作报警电路。
- 制作函数信号发生器。

学习情境 1　集成运算放大电路

任务 1　差动放大电路

◆　问题引入

在自动控制和检测装置中，所处理的电信号有许多是缓慢变化的信号或直流量（统称为直流信号），用来放大直流信号的放大电路称为直流放大器。直流放大器是集成电路的基本组成单元，它不能使用阻容耦合方式，应采用直接耦合方式。

💡 看一看——直接耦合放大器存在着的两个特殊问题

1. 前、后级静态工作点的影响

直接耦合放大器静态工作点的相互影响如图 3-1 所示。

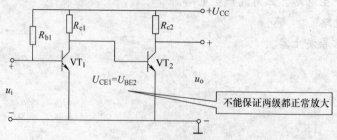

图 3-1　直接耦合放大器静态工作点的相互影响

解决办法如图 3-2 所示。

2. 零点漂移

直流放大器输入端对地短路时，在输出端用毫伏表测量输出电压，发现输出电压会出现

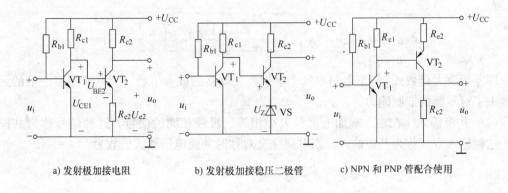

a) 发射极加接电阻　　　　b) 发射极加接稳压二极管　　　　c) NPN 和 PNP 管配合使用

图 3-2　解决办法

不规则的变化，即表针会时快时慢做不规则摆动。这种输入为零时输出不为零的现象，称为零点漂移，简称零漂。

　　前一级的零漂电压会传到后级并被逐级放大，严重时零漂电压会超过有用信号，将导致测量和控制系统出错。造成零漂的原因是电源电压的波动和晶体管参数随温度的变化，其中温度变化是产生零漂的最主要原因，所以零点漂移也称为温度漂移，简称温漂。

　　解决零漂的方法：采用直流稳压电源；选用稳定性能好的硅晶体管作放大管；采用单级或级间负反馈来稳定工作点；用热敏元件来补偿放大管受温度影响所引起的零漂；采用差动放大电路抑制零漂等。

学一学——差动放大电路

差动放大电路（又叫差分电路）能有效抑制由于电源波动和温度变化所引起的零漂。

1. 电路结构

　　图 3-3 所示为差动电路的基本形式。它由两个完全相同的单管放大电路组成，电路中对应元器件的参数基本一致。u_i 是输入电压，经两个电阻 R 分压得 u_{i1}、u_{i2} 分别送两管基极，放大后由两管集电极输出，$u_o = u_{o1} - u_{o2}$。

2. 抑制零漂原理

　　因左、右两部分放大电路完全对称，所以在输入信号 $u_i = 0$ 时，$u_{o1} = u_{o2}$，因此输出电压 $u_o = u_{o1} - u_{o2} = 0$，即表明差动放大器具有在零输入时零输出的特点。

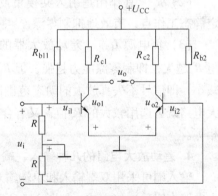

图 3-3　基本差动电路

当温度变化或电源电压波动时，左、右两个晶体管的输出电压 u_{o1}、u_{o2} 都要发生变化，但由于电路对称，两管的输出变化量相同，即 $\Delta u_{o1} = \Delta u_{o2}$，所以 $u_o = 0$。可见两管的零漂在输出端相抵消，从而有效地抑制了零漂。

　　（1）差模输入　输入信号 u_i 被两个电阻 R 分压为大小相等、极性相反的一对输入信号，分别加到两管的基极，这种信号称为差模信号，这种输入方式为差模输入。因电路对称，使得差分电路对输入信号的放大倍数 $A_{u1} = A_{u2} = A_u$，此时差动放大电路对输入信号的放大倍数

A_{uD} 为

$$A_{uD} = \frac{u_o}{u_i} = \frac{u_{o1} - u_{o2}}{u_i} = \frac{A_{u1}u_{i1} - A_{u2}u_{i2}}{u_i} = \frac{\frac{1}{2}u_i A_u - \left(-\frac{1}{2}u_i A_u\right)}{u_i} = A_u$$

即差动放大倍数 A_{uD} 等于电路中每个单管放大电路的放大倍数，该电路用多一倍的元器件换来了对零漂的抑制能力。

（2）共模输入　在输入端加上一对大小相等、极性相同的信号，这种信号称为共模信号，这种输入方式称为共模输入。当电路完全对称时共模电压放大倍数为

$$A_{uC} = \frac{u_o}{u_i} = \frac{u_{o1} - u_{o2}}{u_i} = 0$$

在实际中，电路不可能完全对称，即共模放大倍数不为零。A_{uC} 越小，则表明抑制零漂能力越强。

（3）共模抑制比（K_{CMR}）　它是衡量放大器对有用信号的放大能力及对无用漂移信号的抑制能力的重要指标，共模抑制比越大，差动放大器的性能越好，其表达式为

$$K_{CMR} = \left| \frac{A_{uD}}{A_{uC}} \right|$$

3. 典型差动放大电路

典型差动放大电路如图 3-4 所示。

电路增加了调零电位器 RP、发射极电阻 R_e 和负电源 U_{EE}，其作用如下。

（1）RP　当输入信号 $u_i = 0$ 时，由于电路不完全对称，输出 u_o 不一定为零，这时可调节 RP 使电路达到对称，即 $u_o = 0$。

（2）R_e　其作用是引入共模负反馈，稳定静态工作点，有效地抑制零漂。

（3）负电源 U_{EE}　差动放大器的射极电

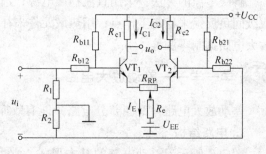

图 3-4　典型差动放大电路

阻 R_e 越大，抑制零漂能力越强，但 R_e 取值过大会使发射极电位 U_E 上升，两管的静态管压降减小，即信号不失真放大的动态范围减小。接入负电源可补偿 R_e 上的直流压降，从而使放大电路既可选用较大的 R_e 值，又有合适的静态工作点。通常负电源 U_{EE} 与正电源 U_{CC} 的电压相等。

4. 差动放大电路的几种输入、输出方式

输入端可采用双端输入和单端输入，输出端也可采用双端输出和单端输出，因此差动放大电路有四种连接方式，如图 3-5 所示。

后三种接法的电路已不具备对称性，抑制零漂主要靠 R_e 引入的共模负反馈来实现。

5. 结论

（1）直流放大器存在的两个特殊问题：一是前后级静态工作点相互影响，二是有零点漂移现象。

（2）温度的变化和电源电压的波动是产生零漂的主要原因。

（3）采用差动放大电路是解决零点漂移最常用的方法。

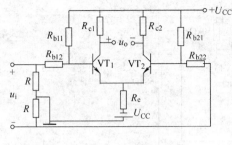

a) 双端输入、双端输出

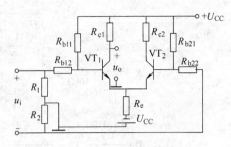

b) 双端输入、单端输出

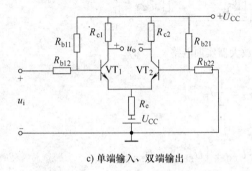

c) 单端输入、双端输出

d) 单端输入、单端输出

图 3-5　差动放大电路的四种连接方式

（4）差动放大电路的主要性能指标有差模电压放大倍数、差模输入和输出电阻、共模抑制比等。

（5）衡量差动放大电路解决零漂能力的主要指标是共模抑制比。

练一练——差动放大器主要性能指标的测试

1. 实训目标

（1）加深对差动放大器性能及特点的理解。

（2）学习差动放大器主要性能指标的测试方法。

2. 实训原理

图 3-6 是差动放大器的实训电路。它由两个元器件参数相同的基本共发射极放大电路组成。当开关 S 拨向左边时，构成典型的差动放大器。调零电位器 RP 用来调节 VT_1、VT_2 管的静态工作点，使得输入信号 $u_i = 0$ 时，双端输出电压 $u_o = 0$。R_e 为两管共用的发射极电阻，它对差模信号无负反馈作用，因而不影响差模电压放大倍数，但对共模信号有较强的负反馈作用，故可以有效地抑制零漂，稳定静态工作点。

当开关 S 拨向右边时，构成具有恒流源的差动放大器。它用晶体管恒流源代替发射极电阻 R_e，可以进一步提高差动放大器抑制共模信号的能力。

（1）静态工作点的估算

典型电路

$$I_E \approx \frac{|U_{EE}| - U_{BE}}{R_e} \quad （认为 U_{B1} = U_{B2} \approx 0）$$

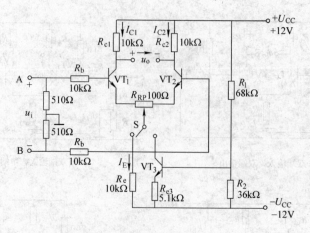

图 3-6　差动放大器实训电路

$$I_{C1} = I_{C2} = \frac{1}{2}I_E$$

恒流源电路

$$I_{C3} \approx I_{E3} \approx \frac{\dfrac{R_2}{R_1 + R_2}(U_{CC} + |U_{EE}|) - U_{BE}}{R_{e3}}$$

$$I_{C1} = I_{C2} = \frac{1}{2}I_{C3}$$

（2）差模电压放大倍数和共模电压放大倍数　当差动放大器的射极电阻 R_e 足够大，或采用恒流源电路时，差模电压放大倍数 A_D 由输出端方式决定，而与输入方式无关。

双端输出 $R_e = \infty$，RP 在中心位置时

$$A_D = \frac{\Delta u_o}{\Delta u_i} = -\frac{\beta R_c}{R_b + r_{be} + \dfrac{1}{2}(1 + \beta)R_{RP}}$$

单端输出

$$A_{D1} = \frac{\Delta u_{o1}}{\Delta u_i} = \frac{1}{2}A_D$$

$$A_{D2} = \frac{\Delta u_{o2}}{\Delta u_i} = -\frac{1}{2}A_D$$

当输入共模信号时，若为单端输出，则共模电压放大倍数为

$$A_{C1} = A_{C2} = \frac{\Delta U_{c1}}{\Delta U_i} = \frac{-\beta R_c}{R_b + r_{be} + (1 + \beta)\left(\dfrac{1}{2}R_{RP} + 2R_e\right)} \approx -\frac{R_c}{2R_e}$$

若为双端输出，在理想情况下

$$A_C = \frac{\Delta U_o}{\Delta U_i} = 0$$

实际上由于元器件不可能完全对称，因此 A_C 也不会绝对等于零。

（3）共模抑制比 K_{CMR}　为了表征差动放大器对有用信号（差模信号）的放大作用和对

共模信号的抑制能力，通常用一个综合指标来衡量，即共模抑制比

$$K_{CMR} = \left| \frac{A_D}{A_C} \right|$$

差动放大器的输入信号可采用直流信号也可采用交流信号。本实验由函数信号发生器提供频率 $f = 1\text{kHz}$ 的正弦信号作为输入信号。

3. 实训设备与器件

① ±12V 直流电源。

② 函数信号发生器。

③ 双踪示波器。

④ 交流毫伏表。

⑤ 直流电压表。

⑥ 晶体管 3DG6×3，要求 VT_1、VT_2 管特性参数一致（或 9011×3）。

⑦ 电阻器、电容器若干。

4. 实训内容

（1）典型差动放大器性能测试　按图 3-6 连接实验电路，开关 S 拨向左边构成典型差动放大器。

1）测量静态工作点

① 调节放大器零点

信号源不接入。将放大器输入端 A、B 与地短接，接通 ±12V 直流电源，用直流电压表测量输出电压 u_o，调节调零电位器 RP，使 $u_o = 0$。调节要仔细，力求准确。

② 测量静态工作点

零点调好以后，用直流电压表测量 VT_1、VT_2 管各电极电位及射极电阻 R_e 两端电压 U_{Re}，记入表 3-1。

2）测量差模电压放大倍数　断开直流电源，将函数信号发生器的输出端接放大器输入 A 端，地端接放大器输入 B 端构成单端输入方式，调节输入信号为频率 $f = 1\text{kHz}$ 的正弦信号，并使输出旋钮旋至零，用示波器监视输出端（集电极 C_1 或 C_2 与地之间）。

表　3-1

测量值	U_{C1}/V	U_{B1}/V	U_{E1}/V	U_{C2}/V	U_{R2}/V	U_{E2}/V	U_{Re}/V
计算值	I_C/mA			I_B/mA		U_{CE}/V	

接通 ±12V 直流电源，逐渐增大输入电压 u_i（约 100mV），在输出波形无失真的情况下，用交流毫伏表测 u_i，u_{c1}，u_{c2}，记入表 3-2 中，并观察 u_i，u_{c1}，u_{c2} 之间的相位关系及 u_{Re} 随 u_i 改变而变化的情况。

3）测量共模电压放大倍数　将放大器 A、B 短接，信号源接 A 端与地之间，构成共模输入方式，调节输入信号 $f = 1\text{kHz}$，$u_i = 1V$，在输出电压无失真的情况下，测量 u_{c1}，u_{c2} 之值记入表 3-2，并观察 u_i，u_{c1}，u_{c2} 之间的相位关系及 u_{Re} 随 u_i 改变而变化的情况。

表 3-2

	典型差动放大电路		具有恒流源差动放大电路	
	单端输入	共模输入	单端输入	共模输入
u_i	100mV	1V	100mV	1V
u_{c1}/V				
u_{c2}/V				
$A_{D1} = \dfrac{U_{c1}}{U_i}$				
$A_{D2} = \dfrac{U_{c2}}{U_i}$				
$A_{C1} = \dfrac{U_{c1}}{U_i}$				
$A_C = \dfrac{U_o}{U_i}$				
$K_{CMR} = \left| \dfrac{A_{D1}}{A_{C1}} \right|$				

（2）具有恒流源的差动放大电路性能测试（选做）　将图 3-6 电路中开关 S 拨向右边，构成具有恒流源的差动放大电路。重复内容（1）-2）、（1）-3）的要求，记入表 3-2。

5. 实训总结

（1）整理实训数据，列表比较实训结果和理论估算值，分析误差原因。

1）静态工作点和差模电压放大倍数。

2）典型差动放大电路单端输出时的 K_{CMR} 实测值与理论值比较。

（2）比较 u_i，u_{c1} 和 u_{c2} 之间的相位关系。

（3）根据实验结果，总结电阻 R_e 和恒流源的作用。

6. 实训考核要求

见共发射极单管放大器的调试实训考核要求。

任务 2　基本运算放大电路

◆　**问题引入**

人们常以电子器件的每一次重大变革作为衡量电子技术水平的标志：1904 年出现的电子真空器件称为第一代，1948 年出现半导体器件称为第二代，1959 年出现集成电路称为第三代，1974 年出现的大规模集成电路则称为第四代，目前的集成电路正在朝着超大规模方向发展。如今已可以利用集成电路实现比例、求和、微分、积分、对数、乘法和除法等复杂运算。

 看一看——集成运算放大器的结构

在半导体制造工艺中，将整个电路（除去个别元器件）做在一块半导体硅片上并能完成特定的功能，我们称这样的电路为集成电路。正是集成电路的出现和快速发展，使得电路的体积不断缩小，成本不断降低，可靠性不断提高。集成电路的种类很多，一般可分为模拟集成电路、数字集成电路两大类。集成运算放大器是模拟集成电路的一个分支。

集成运算放大器（简称集成运放）一般是在一块厚约为 0.2mm 左右的硅片上，经过氧化、光刻、扩散、外延、蒸铝等工艺，将多级放大器中的晶体管、电阻、电容、导线等集成在一起，再引出电极进行封装。

集成运放的封装多采用塑封，其外形通常为双列直插（图 3-7）、单列直插和圆壳式。

图 3-7　集成运放的封装

集成运放的符号如图 3-8 所示。实际上集成运放的外部引脚应该有输入、输出、接地、接电源的引脚和外接元器件的引脚等，根据电路的功能和复杂程度各有不同。之所以在符号中只给出三个端，是因为其他端对分析运算关系没有影响。这三个端为：一个输出端，两个输入端。标正号" + "的为同相输入端；标负号" – "的为反相输入端。当信号从同相端输入时，输出信号与输入信号同相，当信号从反相端输入时，输出信号与输入信号反相。

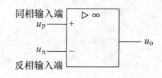

图 3-8　集成运放的符号

想一想——集成运算放大器的特点

（1）电路结构与元器件参数的对称性好　这是因为电路元器件做在同一硅片上，又是经过同样的工艺在面积很小的硅片上制造出来，因而参数偏差小、温度一致性好。

（2）用有源器件代替无源器件　在集成电路制作工艺中，电阻是由半导体的体电阻构成，电阻的阻值不会太大，且精度很难控制。需要高阻值时可用恒流源替代或用外接的方式。此外，用有源器件替代普通电阻可以起到普通电阻起不到的作用。

（3）多采用复合结构电路　由于复合结构电路的性能优于非复合结构电路，如：复合管的电流放大系数及输入电阻高于单管，且制作并不困难，因而尽可能采用复合结构。

（4）采用直接耦合方式　由于集成电路中的电容是用 PN 结的结电容形成的，容量很小，一般在几十 pF 以下。电感的制造更困难，因而集成电路内部的级间采用直接耦合方式。

学一学——典型集成运算放大器

1. 集成运算放大器的基本组成及其基本特性

集成运算放大器（简称集成运放）是一种高放大倍数、高输入电阻、低输出电阻的直接耦合多级放大电路。该放大器利用集成电路的制造工艺，将运算放大器的所有元器件都做在同一块硅片上，然后再封装起来。该电路最初用于数据的运算中，随着电子技术的发展，它的应用早已不限于运算，已成为一种通用性很强的功能性器件。

下面以 F007（μA741）为例来分析集成运放的各个组成部分。

F007 属于第二代集成运放，电路内部包含四个组成部分，即输入级、偏置电路、中间级及输出级。它的内部电路原理如图 3-9 所示。图中各引出端所标数字为组件的引脚编号。它有八个引出端，其中 2 端为反相输入端，3 端为同相输入端，6 端为输出端，7 端和 4 端分别接正负电源，1 端和 5 端之间接调零电位器。

为了抑制零点漂移，对零漂影响最大的输入级采用了差动放大电路。用镜像恒流源、微恒流源、多路恒流源等构成偏置电路。为了提高放大倍数，中间级一般采用有源负载的共发射极放大电路。输出级为功率放大电路，为提高此电路的带负载能力，多采用互补对称输出级电路。

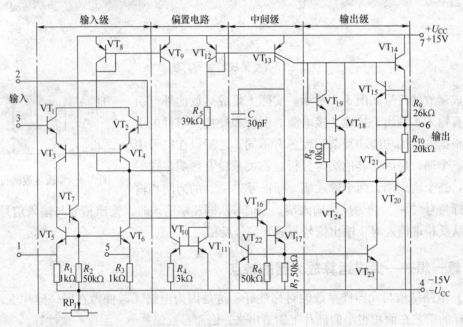

图 3-9　集成运放 F007 的电路原理

2. 集成运放的主要参数

（1）理想集成运放　由集成运放构成可以看到其各部分组成比较合理，性能指标较为理想。为简化分析过程，常常将集成运放做理想化处理，如图 3-10 所示。其理想条件是：

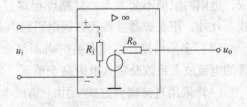

图 3-10　理想集成运放

1）开环差模电压增益 $A_{uD} = \infty$。

2）开环差模输入电阻 $R_{iD} = \infty$。

3）开环输出电阻 $R_o = 0$。

4）共模抑制比 $K_{CMR} = \infty$。

5）输入失调电压、电流及它们的零漂均为零。

（2）理想集成运放工作在线性区的特点

1）理想集成运放的差模输入电压为零　理想集成运放工作在线性区是指输出电压与输入电压为线性关系。集成运放的传输特性如图 3-11 所示。由图可得到

$$u_o = A_{uD}(u_+ - u_-) \tag{3-1}$$

式中的 A_{uD} 为开环差模电压增益，u_+ 及 u_- 分别为同相和反相输入端的电位。由集成运放的理想条件可知，开环差模电压增益 $A_{uD} = \infty$，故有

$$u_+ = u_- \tag{3-2}$$

上式表明：同相输入端与反相输入端电压相等，如同将同相输入端与反相输入端两点短路一样。但这样的短路是虚假的短路，并不是真正的短路，所以称为"虚短"。

2）理想集成运放的输入电流等于零　由于理想运放的开环输入电阻 $R_{iD} = \infty$，因此它不向信号源索取电流，两个输入端都没有电流流入集成运放，即

$$i_+ = i_- = 0 \tag{3-3}$$

此时，流进或流出同相输入端和反相输入端的电流都等于零，如同两点断开一样。而这种断开也不是真正的断路，称为"虚断"。

"虚短"和"虚断"是理想运放工作在线性区的两个重要特点。这两个特点在集成运放的线性应用中会简化分析和计算，而误差不是很大，满足工程应用要求。

（3）理想集成运放工作在非线性区的特点　在非线性区，输出电压不再随输入电压线性增长，而是达到极限值。如图 3-11 所示，图中实线为理想特性，虚线为实际的传输特性。$u_i = u_+ - u_-$ 线性区越窄就越接近理想运放。

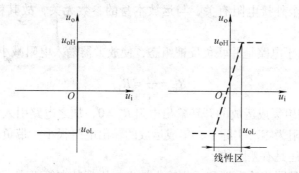

图 3-11　集成运放的传输特性

理想集成运放工作在非线性区时也有两个重要特点。

1）理想集成运放的输出电压达到极限值

当 $u_+ > u_-$ 时，$u_o = u_{oH}$（最大值）。

当 $u_+ < u_-$ 时，$u_o = u_{oL}$（最小值）。

在非线性区工作时，输出电压只有最大值、最小值两种极限情况。这两种情况取决于同相输入端与反相输入端电压的比较，因而"虚短"不再适用。

2）理想集成运放的输入电流等于零　由于理想集成运放的输入电阻 $R_{iD} = \infty$，尽管"虚短"不再适用，仍可认为此时输入电流为零。即"虚断"依然适用。

3. 集成运放在信号处理方面的应用——基本运算放大电路

集成运放在信号处理中，多用于线性状态，主要用于下列基本运算放大电路：反相比例

放大、同相比例放大、加法运算、减法运算、积分和微分运算等。

集成运放作线性应用时，为实现不同功能，通常工作在负反馈闭环状态下，即在输出端与输入端之间加一定负反馈，使输出电压与输入电压成一定运算关系。

（1）反相比例放大器

1）电路构成　反相比例放大器电路如图 3-12 所示。输入信号 u_i 经过电阻 R_1 加到反相输入端，同相输入端经 R_2 接地。R_2 称为平衡电阻，它的作用是使两个输入端对地的电阻保持一致，以提高共模抑制比。R_1 和 R_f 构成反馈网络。反馈组态为电压并联负反馈。平衡电阻 R_2 的取值为

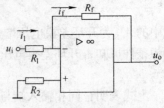

图 3-12　反相比例放大器

$$R_2 = R_1 /\!/ R_f \tag{3-4}$$

2）性能分析

① 电压增益　由理想集成运放在线性状态时的两个重要特点"虚短"及"虚断"，可以得到

$$u_+ = u_- = 0; \quad i_1 = i_f$$

而
$$i_1 = u_i / R_1; \qquad i_f = (u_- - u_o)/R_f$$

则可以得到电压增益为

$$A_{uf} = \frac{u_o}{u_i} = -\frac{R_f}{R_1} \tag{3-5}$$

显然，输出信号与输入信号成比例关系，负号表明输出电压与输入电压反相。式（3-5）说明电压增益只与两个外接电阻有关，与运放本身的参数无关，故其精度和稳定度都是很高的。

② 输入电阻　由于电路是并联负反馈组态，使放大器输入电阻减小。

$$R_{if} = \frac{u_i}{i_i} = R_1 \tag{3-6}$$

③ 输出电阻　理想集成运放的开环输出电阻 $R_o = 0$，加之电路引入了电压负反馈，因而从理论上讲，输出电阻为零。实际上，集成运放的输出电阻很小，带负载能力很强，但实际的输出电阻与理想值还是有差距的。

这种电路的优点是同相输入端和反相输入端上电压都基本等于零。集成运放承受的共模输入电压很低，因此该电路对运放的共模抑制比要求不高。

（2）同相比例放大器

1）电路构成　同相比例放大器如图 3-13 所示。与反相比例放大器的区别是信号输入端与接地端交换位置。R_1 和 R_f 构成反馈网络，反馈组态为电压串联负反馈。R_2 为平衡电阻。平衡电阻 R_2 的取值同式（3-4）。

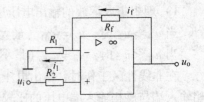

图 3-13　同相比例放大器

2）性能分析

① 电压增益　由于运放工作在线性区，从而满足"虚短"、"虚断"的条件。有

$$u_+ = u_- = u_i; \quad i_1 = i_f$$
$$i_1 = u_- / R_1; \quad i_f = (u_o - u_-)/R_f = u_o/R_f;$$

$$A_{uf} = \frac{u_o}{u_i} = 1 + \frac{R_f}{R_1} \tag{3-7}$$

式（3-7）表明输出电压与输入电压成比例。由于信号是从同相端输入的，所以电压增益为正值。与反相比例放大器类似，其值仅由电阻 R_1 和 R_f 来决定，因而精度、稳定度是很高的。由式（3-7）还可以看到，电压增益只能大于1。

若使 $R_1 = \infty$；$R_f = 0$，则电压增益

$$A_{uf} = 1$$

电路如图 3-14 所示，称为电压跟随器。电压跟随器的特性与射极跟随器极为相似，在多级集成运放电路中，既可以作隔离级，也可以作输出级。

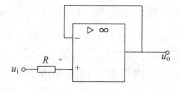

图 3-14　电压跟随器

② 输入电阻　同相比例放大器是电压串联负反馈组态，所以输入电阻高。

③ 输出电阻　输出电阻与反相比例放大器一样。

同相比例放大器与反相比例放大器相比，由于 $u_+ = u_- \neq 0$，因而集成运放的共模输入电压较高，当共模信号过大时，会使集成运放的输入级晶体管处于饱和或截止状态，严重时会损坏集成电路。所以同相比例放大器应选用最大共模输入电压和共模抑制比两项指标都高的集成运放。

（3）反相加法电路

1）电路构成　反相加法电路如图 3-15 所示。该电路的输出电压是三个输入电压的和。它是在反相比例电路的基础上增加了若干输入回路。电阻 R_f 引入了负反馈。平衡电阻 R_4 的取值为

$$R_4 = R_1 /\!/ R_2 /\!/ R_3 /\!/ R_f \tag{3-8}$$

2）输出电压与输入电压的关系　由于运放工作在线性区，从而满足"虚短""虚断"的条件，即有

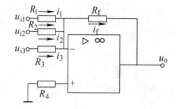

图 3-15　反相加法电路

$$u_- = u_+ = 0; i_f = i_1 + i_2 + i_3 = (u_{i1}/R_1) + (u_{i2}/R_2) + (u_{i3}/R_3); i_f = (u_- - u_o)/R_f$$

故

$$u_o = -\left(\frac{R_f}{R_1} u_{i1} + \frac{R_f}{R_2} u_{i2} + \frac{R_f}{R_3} u_{i3} \right) \tag{3-9}$$

反相加法电路的输出电压与运放本身的参数无关，只要外加电阻精度足够高，就可以保证加法运算的精度和稳定性。该电路的优点是：改变某一输入回路的电阻值时，只改变该支路输入电压与输出电压之间的比例关系，对其他支路没有影响，因此调节比较灵活方便。另外由于同相输入端与反相输入端"虚地"，因此在选用集成运放时，对其最大共模输入电压的指标要求不高，在实际工作中，反相加法电路得到广泛的应用。

例 3-1　用集成运放设计一个能实现 $u_o = -(4u_{i1} + 3u_{i2} + 2u_{i3})$ 的加法电路。

解：这是一个反相加法运算电路，电路如图 3-15 所示。

根据式（3-9）有

$$u_o = -\left(\frac{R_f}{R_1} u_{i1} + \frac{R_f}{R_2} u_{i2} + \frac{R_f}{R_3} u_{i3} \right)$$

则

$$(R_f/R_1)=4;\quad (R_f/R_2)=3;\quad (R_f/R_3)=2$$

若取 $R_f=60\text{k}\Omega$，则 $R_1=15\text{k}\Omega$；$R_2=20\text{k}\Omega$；$R_3=30\text{k}\Omega$。

（4）减法运算电路

1）电路构成　以两个信号相减为例，电路如图 3-16 所示。输入信号同时从反相输入端和同相输入端输入。电阻 R_f 引入负反馈，电路依然工作在线性区。为保证电路的对称性，通常取

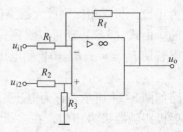

$$R_1 /\!/ R_f = R_2 /\!/ R_3 \tag{3-10}$$

2）输出电压与输入电压的关系　根据叠加定理，当线性电路有两个或两个以上输入信号时可以采用叠加定理

图 3-16　减法运算电路

进行分析。即每次只分析一个信号源单独作用时所产生的结果，然后将所有信号源单独作用时产生的结果进行相加。对于不作用的信号源，电压源相当于短路，电流源相当于开路。

利用叠加法进行分析，先考虑 u_{i1} 作用时产生的输出信号。此时 u_{i2} 作短路处理。则电路相当于前面分析的反相比例电路，可以得到

$$u_o' = -\frac{R_f}{R_1}u_{i1} \tag{3-11}$$

再分析 u_{i2} 作用时产生的输出信号，将 u_{i1} 作短路处理，则电路为同相比例电路，有

$$u_- = u_+ = \frac{R_1}{R_1+R_f}u_o'' = \frac{R_3}{R_2+R_3}u_{i2}$$

$$u_o'' = \left(1+\frac{R_f}{R_1}\right)\frac{R_3}{R_2+R_3}u_{i2} \tag{3-12}$$

输出电压为两次分析的总和，则

$$u_o = u_o' + u_o'' = -\frac{R_f}{R_1}u_{i1} + \left(1+\frac{R_f}{R_1}\right)\frac{R_3}{R_2+R_3}u_{i2} \tag{3-13}$$

若取电阻对称，即 $R_1=R_2$，$R_3=R_f$，，则

$$u_o = \frac{R_f}{R_1}(u_{i2}-u_{i1}) \tag{3-14}$$

假如上式中 $R_f=R_1$，则

$$u_o = u_{i2}-u_{i1} \tag{3-15}$$

（5）积分电路

1）电路构成　用电容 C 取代反相比例电路中的反馈电阻 R_f，便构成积分运算电路，如图 3-17 所示。输入电压通过电阻 R_1 接到集成运放的反相输入端，在输出端与反相输入端之间通过电容 C 引回一个负反馈。在同相输入端与地之间接有电阻平衡 R_2。

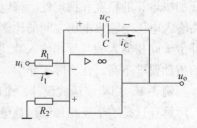

2）输出电压与输入电压的关系　由"虚短"得到

$$u_+ = u_- = 0$$

流过电阻 R_1 的电流为

图 3-17　积分电路

$$i_1 = \frac{u_i}{R_1}$$

流过电容的电流为

$$i_C = C\frac{\mathrm{d}u_C}{\mathrm{d}t} = -C\frac{\mathrm{d}u_o}{\mathrm{d}t}$$

由"虚断"得到

$$i_C = i_1$$

$$u_o = -\frac{1}{R_1 C}\int u_i \mathrm{d}t \tag{3-16}$$

式（3-16）是假设电容上的初始电压为零时得到的，若电容上有初始电压，则

$$u_o = -\frac{1}{R_1 C}\int u_i \mathrm{d}t + u_o(0) \tag{3-17}$$

例 3-2 由集成运放构成的积分电路如图 3-17 所示，输入信号波形如图 3-18 所示，若 $R_1 = 10\mathrm{k}\Omega$，$C = 0.1\mu\mathrm{F}$，试画出输出电压波形。设电容上的初始电压为零。

解：由式（3-17）有

$$u_o = -\frac{1}{R_1 C}\int u_i \mathrm{d}t + u_o(0)$$

即

$$u_o = -10^3 \int u_i \mathrm{d}t$$

输入信号为方波，其输入、输出波形如图 3-18 所示。

（6）微分电路

1）电路构成 积分与微分互为逆运算，将积分电路中反馈支路的电容 C 与输入端的电阻 R 交换位置即可实现逆运算，电路如图 3-19 所示，平衡电阻 R_2 的取值同积分电路。

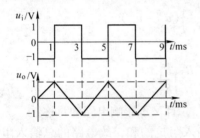

图 3-18 输入、输出波形

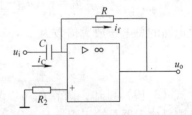

图 3-19 微分电路

2）输出电压与输入电压的关系 由"虚短"得到

$$u_+ = u_- = 0$$

$$i_C = C\frac{\mathrm{d}u_C}{\mathrm{d}t} = C\frac{\mathrm{d}u_i}{\mathrm{d}t}$$

$$i_f = \frac{0 - u_o}{R_f}$$

由"虚断"得到

$$i_C = i_f$$

$$u_o = -RC\frac{\mathrm{d}u_i}{\mathrm{d}t} \tag{3-18}$$

（7）集成运放的线性应用

1）测量放大器　在自动控制和非电量测量等系统中，常用各种传感器将非电量（如温度、流量、压力等）的变化变换为电压信号。但这种非电量的变化是缓慢的，电信号的变化量常常很小（一般只有几毫伏到几十毫伏），所以要将电信号加以放大。常用的测量放大器（或称数据放大器）的电路如图 3-20 所示。

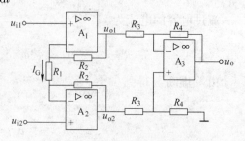

图 3-20　测量放大器电路图

电路由三个集成运放组成，其中每个集成运放都接成比例运算的形式，A_1、A_2 组成第一级，二者均接成同相输入方式，因此输入电阻很高。由于电路结构对称，它们的漂移和失调可以互相抵消。A_3 组成差动放大级，外接电阻完全对称。

设 A_1、A_2 的输出电压分别为 u_{o1}、u_{o2}，由"虚短"及"虚断"的概念可知 R_1 上的电流为

$$I_G = \frac{u_{i1} - u_{i2}}{R_1}$$

由"虚断"可知流过 R_2 的电流必然与流过 R_1 的电流相等，则 A_1、A_2 的输出电压之差

$$u_{o1} - u_{o2} = I_G(2R_2 + R_1) = \frac{u_{i1} - u_{i2}}{R_1}(2R_2 + R_1) = \left(1 + \frac{2R_2}{R_1}\right)(u_{i1} - u_{i2})$$

A_3 是电阻完全对称的差分输入放大器，其差模输入电压为 $u_{o1} - u_{o2}$，输出电压 u_o 只与（$u_{o1} - u_{o2}$）有关，而 u_{o1} 与 u_{o2} 共模成分被抑制，由式（3-14）得

$$u_o = \frac{R_4}{R_3}(u_{o2} - u_{o1}) = \frac{R_4}{R_3}\left(1 + \frac{2R_2}{R_1}\right)(u_{i2} - u_{i1})$$

故电路的总电压放大倍数为

$$A_{uf} = \frac{u_o}{u_{i1} - u_{i2}} = -\left(1 + \frac{2R_2}{R_1}\right)\frac{R_4}{R_3} \tag{3-19}$$

由式（3-19）可知，调节 R_1 可以改变放大倍数 A_{uf}，且又不影响电路的对称性。

该测量放大器总输入阻抗是 A_1、A_2 的两个电路输入阻抗的和，故电路的总输入阻抗很高，可达几十兆欧姆（这是因为第一级的 A_1、A_2 都是采用同相输入深度串联负反馈电路，同时 A_1、A_2 也可选用高阻型的集成运放）。

应当注意的是，该测量放大器抑制共模成分的能力取决于 A_3，因此它的增益常设计为 1，即 $R_3 = R_4$，亦即电路中的四个电阻相等（两个 R_3、两个 R_4 必须严格匹配），以保证电路完全对称。目前这种仪用放大电路已有多种型号的单片集成电路，这类放大器在工程实际中应用很广。

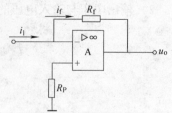

图 3-21　集成运放构成的电流—电压转换电路

2）电流—电压转换电路　图 3-21 是由集成运放构成的电流—电压转换电路。由"虚短"及"虚断"的概念可得

$$i_1 = i_f$$

$$u_o = -i_f R_f = -i_1 R_f \tag{3-20}$$

式（3-20）说明输出电压 u_o 与输入电流成正比，输出电压仅受输入电流的限制，从而实现了电流—电压转换。

 练一练——由集成运放构成的反相比例放大电路实训

1. 实训目标

（1）熟悉集成运放的使用方法。

（2）掌握常用仪器的使用及电路输出电压，输入、输出电阻和带宽的测试方法。

（3）了解电路自激振荡的排除。

2. 实训原理

反相比例放大电路如图 3-22 所示。集成运放采用 LM324。LM324 是一个四运放电路。其引脚排列如图 3-23 所示。电阻 R_2、R_3 为电路的偏置电阻。与电阻 R_2 并联的电容 C_2 为消振电容，输入、输出端的电容 C_1、C_3 为耦合电容。

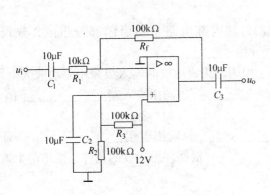

图 3-22　反相比例放大电路

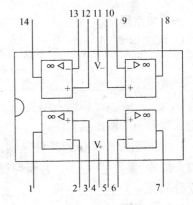

图 3-23　LM324 引脚排列

3. 实训设备与器件

① 直流稳压电源 1 台。

② 低频信号发生器 1 台。

③ 示波器 1 台。

④ 毫伏表 1 只。

4. 实训步骤

（1）按电路连接好，将 12V 电源接到引脚 4，引脚 11 接地。

（2）将低频信号发生器的输出电压调至 20mV，频率为 1kHz，测量输出电压的大小及波形＿＿＿＿＿＿。

（3）测量输入电阻 R_i＿＿＿＿＿＿。

（4）测量输出电阻 R_o＿＿＿＿＿＿。

（5）测量频带宽度＿＿＿＿＿＿。

5. 实训总结

（1）整理实验数据，将理论计算结果和实测数据相比较，分析产生误差的原因。

（2）分析讨论实验中出现的现象和问题。

6. 实训考核要求

见共发射极单管放大器的调试实训考核要求。

小　　结

1. 为简化分析，我们将集成运算放大器作理想化处理。

2. 集成运算放大器有线性和非线性两种工作状态，也就有线性和非线性两方面应用。工作在不同状态，有不同的特点。

3. 集成运算放大器线性应用主要有：反相、同相比例电路；加法电路；减法电路；微积分电路等。

4. 集成运算放大器的线性应用还可用于测量放大器及电流—电压转换电路等工程实际中。

习　　题

一、填空题

1. 集成运放是一个_____放大器，其内部电路主要由四部分组成，分别是_____、_____、_____和_____。

2. 考虑到_____零漂_____原因，集成运放的输入级采用差动放大电路。它有_____反相输入端_____、_____同相输入端_____两个对称输入端和一个输出端。

3. 理想运放应具备的条件是输入电阻_____，输出电阻_____，开环电压放大倍数_____，共模抑制比_____。根据理想运放的条件，推出两个重要结论分别是_____和_____。

二、选择题

1. 集成电路的引脚号必须（　　　）。

　　A. 按规则顺序确定　　　　　　　B. 按顺序确定

2. 集成运放其内部的耦合方式一般是（　　　）。

　　A. 直接耦合方式　　　　　　　　B. 阻容耦合方式

3. 集成运放的 K_{CMR} 越大（　　　）。

　　A. 抑制零漂的能力越强　　　　　B. 放大倍数越高

4. 差动放大电路的作用是（　　　）。

　　A. 放大差模信号，抑制共模信号　B. 放大共模信号，抑制差模信号

　　C. 放大差模信号和共模信号　　　D. 差模信号和共模信号都不放大

5. 能很好克服零点漂移的电路是（　　　）。

　　A. 固定偏置电路　　　　　　　　B. 功率放大电路

　　C. 差动放大电路　　　　　　　　D. 直接耦合电路

6. 能将矩形波变成三角波的电路为（　　　）。

　　A. 比例运算电路　　　　　　　　B. 微分电路

　　C. 积分电路　　　　　　　　　　D. 加法电路

三、简答题

1. 直流放大器产生零点漂移的原因是什么？怎样抑制零点漂移？

2. 解释：差模输入、共模输入、共模抑制比的概念。

四、计算题

1. 图 3-24 所示的运放电路中，$R_1 = R_2 = R_3 = 10\text{k}\Omega$，$u_{i1} = 2\text{V}$，$u_{i2} = -3\text{V}$，试求输出电压 u_o 的值。

2. 电路如图 3-25 所示。若输入电压 $u_i = -10\text{mV}$，则 u_o 为多少？

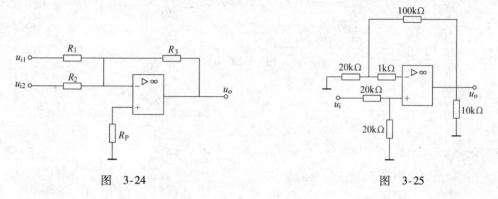

图 3-24　　　　　　　　　　　图 3-25

3. 电路如图 3-26 所示。若输入电压 $u_i = 100\text{mV}$ 时，u_o 为多少？

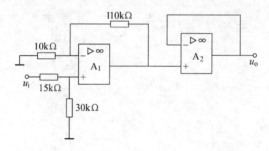

图 3-26

4. 电路如图 3-27 所示。（1）试问 A_1、A_2 电路中的反馈类型；（2）求 u_o 的表达式。

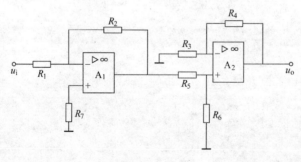

图 3-27

5. 在图 3-28 中，已知 $u_{i1} = 2\text{V}$，$u_{i2} = 1\text{V}$，试求当时间 $t = 1\text{s}$ 时的输出电压 u_o。

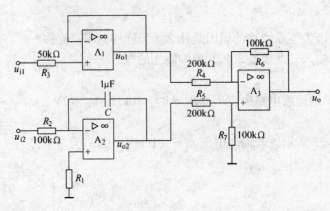

图 3-28

学习情境 2　信号发生器

学习目标

➤ 了解集成运算放大器的基本知识。
➤ 理解集成运算放大器的线性应用和非线性应用。
➤ 会运用集成运算放大器的非线性应用制作方波发生器、三角波发生器。
➤ 会运用集成运算放大器的非线性应用制作报警电路。

工作任务

➤ 运用集成运算放大器的非线性应用制作方波发生器。
➤ 运用集成运算放大器的非线性应用制作三角波发生器。
➤ 运用集成运算放大器的非线性应用制作报警电路。

任务 1　电压比较器

◆　**问题引入**

在自动化系统中，经常需要以下几个方面的信号处理：信号幅度的比较、信号的采样保持、信号的滤波、信号的转换和测量等。能否利用集成运算放大器的非线性应用来解决呢？当集成运放工作在非线性区时，输出只有两种状态，即最大值与最小值。此时，运放大多处于开环或正反馈的状态。

 学一学——集成运放的非线性应用

1. 简单电压比较器

电压比较器的功能是比较两个输入端的电位 u_+ 和 u_-，当 $u_+ > u_-$ 时，输出为高电平；当 $u_- > u_+$ 输出为低电平。前面已提到，集成运放工作在非线性区时，"虚短"的概念不再适用。比较器就是要比较反相输入端与同相输入端电位的不同。电压比较器的种类很多，下面介绍几种比较具有代表性的电压比较器。

简单电压比较器如图 3-29 所示，电路处于开环状态。

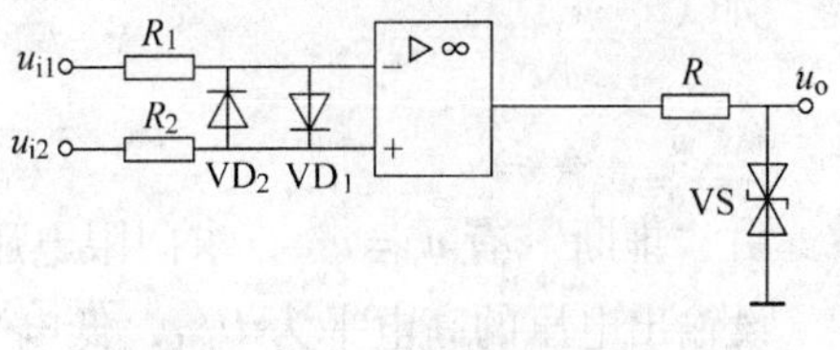

输入端两个二极管的作用是将反相输入端与同相输入端之间电压限制在二极管的管压降上，以防

图 3-29　简单电压比较器

止过大输入电压将运放损坏。输出端的双向稳压管的作用是使输出电压被限制在稳压管的双向稳压值上，以免输出电压受电源电压和其他不稳定因素的影响。无论输出电压为正或负值，总有一个稳压管工作于稳压状态。电阻 R 为稳压管的限流电阻，使稳压管工作在正常的稳压状态。

其工作原理是：在二极管没导通时，根据"虚断"有：在忽略稳压管的正向管压降时，其传输特性如图 3-30 所示。显然，使输出电压翻转的点是反相输入端与同相输入端电压大小更迭点，我们将这个电压叫做门限电压。换言之，门限电压就是使输出电压从高电平跃变为低电平或者从低电平跃变为高电平时相应的输入电压。

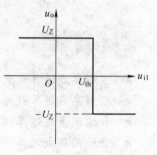

图 3-30　简单电压比较器的传输特性

若两个输入信号中，有一个为零，则另一个输入信号与零电位进行比较。使输出电压翻转的是零电位，则门限电压为零电平，我们称之为过零电压比较器。若同相输入端接地，则电路称为反相过零电压比较器。若反相输入端接地，则电路称为同相过零电压比较器。

从上面的分析可以看到，电压比较器能甄别输入信号的大小和方向。它多用于报警电路、自动控制、测量电路、信号处理、波形变换等方面。

2. 滞回比较器

简单电压比较器电路简单，灵敏度较高，但抗干扰能力很差。如果输入电压受到干扰或噪声的影响、在门限电平上下波动，则输出电压将在高、低两个电平之间反复跳变，如图 3-31 所示。若用此输出电压控制电动机等设备，将出现误操作。为解决这一问题，常常采用滞回电压比较器。

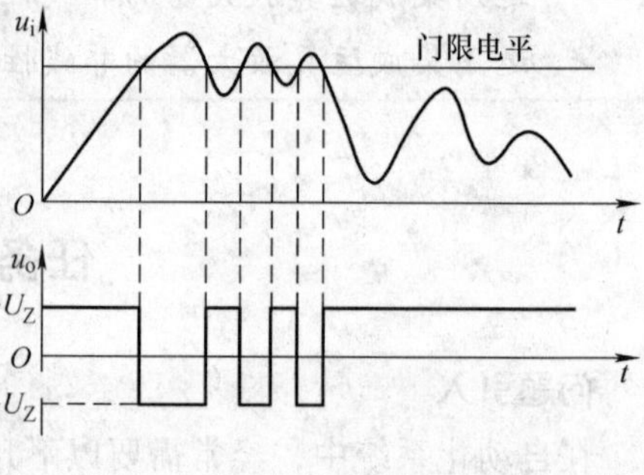

滞回电压比较器通过引入上、下两个门限电压，以获得正确、稳定的输出电压。

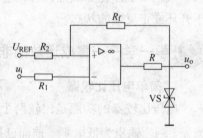

图 3-31　存在干扰时，单限比较器的输出、输入波形

如图 3-32 所示，滞回比较器在电路引入正反馈，有两个门限电平，故传输特性呈滞回形状，形成滞回特性，可以大大提高电压比较器的抗干扰能力。同时，滞回特性还可缩短运放经过线性区的时间，加速电路的翻转。信号从反相输入端输入，为反相滞回比较器。图 3-32 中 U_{REF} 为参考电压，该电路的反相输入端电压 u_i 由 u_o 和 U_{REF} 共同决定，根据理想运放的"虚断"有

$$(U_{REF} - u_+)/R_2 = (u_+ - u_o)/R_f$$

所以

图 3-32　滞回比较器

$$u_+ = \frac{R_f}{R_f + R_2}U_{REF} + \frac{R_2}{R_f + R_2}u_o$$

由"虚断"有 $u_i = u_-$，求门限电压转化为求当 $u_+ - u_- = 0$ 时的 u_i。

设输出电压的高电平为 U_{oH}，低电平为 U_{oL}，由叠加原理可以推出使电路翻转的两个门限电压为

$$U_{th1} = \frac{R_f}{R_f + R_2}U_{REF} + \frac{R_2}{R_f + R_2}U_{oH} \qquad (3-21)$$

$$U_{th2} = \frac{R_f}{R_f + R_2}U_{REF} + \frac{R_2}{R_f + R_2}U_{oL} \qquad (3-22)$$

对应于 U_{oH} 有高门限电平 U_{th1}，对应于 U_{oL} 有低门限电平 U_{th2}。

其工作原理是：当输入信号很小的时候，$u_+ > u_-$，输出电压为高电平 U_{oH}，$u_+ = U_{th1}$；当输入信号增大到大于 U_{th1} 时，电路翻转为低电平 U_{oL}，此时 $u_+ = U_{th2}$。输入信号继续增大，输出电压保持低电平不变。

若输入信号减小，一直减到 $u_i < U_{th2}$，输出电压再次翻转为高电平 U_{oH}，输入信号继续减小，输出电压保持高电平不变。滞回比较器的传输特性如图3-33所示。

滞回电压比较器的特点是，当输入信号发生变化且通过门限电平时，输出电压会发生翻转，门限电平也随之变换到另一门限电平。当输入电压反向变化而通过导致刚才那一瞬间的门限电平时，输出不发生翻转，直到继续变化到另一个门限电平时，电路才发生翻转，出现转换迟滞。只要干扰信号不超过门限宽度，电路就不会误翻转。滞回电压比较器常用来对变化缓慢的信号进行整形。

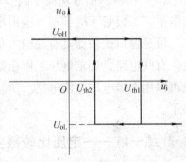

图3-33　滞回比较器的传输特性

例 3-3　滞回比较器的电路如图3-32所示，输入信号如图3-34a所示，试画出输出电压波形。

解：输出电压的波形如图3-34b所示。从波形看，在两个门限电压之间的变化量对输出波形没有影响，因而滞回比较器的抗干扰能力很强。

3. 窗口比较器

简单电压比较器和滞回电压比较器的共同特点是：输入信号单一方向变化时，输出电压只能跳变一次，故只能鉴别一个电平。窗口比较器可以鉴别输入信号是否在两个电平之间，窗口比较器电路及其传输特性如图3-35所示。

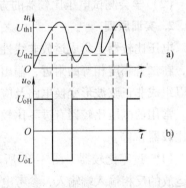

图3-34　输入信号与输出电压的波形

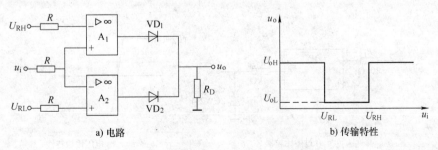

a) 电路　　　　　　　　　　　b) 传输特性

图3-35　窗口比较器及其传输特性

电路由两个简单电压比较器构成，U_{RH}、U_{RL}分别为高参考电压和低参考电压，二极管起到隔离输出端和运放之间的直接联系的作用，R_D为限流电阻。

电路的工作原理为：

（1）当输入信号u_i低于低参考电平U_{RL}时，运放A_1输出低电平，二极管VD_1截止；A_2输出高电平，二极管VD_2导通，输出电压为高电平。

（2）当输入信号u_i界于U_{RH}、U_{RL}之间时，A_1、A_2均输出低电平，二极管VD_1、VD_2均截止，输出电压为低电平。

（3）当输入信号u_i高于高参考电平U_{RH}时，A_2输出低电平，二极管VD_2截止；A_1输出高电平，二极管VD_1导通，输出电压为高电平。

可见窗口比较器具有在输入信号单向变化（单调增或减）时，输出电压跳变两次的特点。有些电路，要求电压工作在某个范围内，既不能超出上限又不能低于下限，利用这个特点可以用来做电压监测电路。实际使用时，只要在输出端加上发光管就可以做报警或检测电路了。

 练一练——电压比较器实训

1. 实训目标

（1）掌握电压比较器的电路构成及特点。

（2）学会测试电压比较器的方法。

2. 实训原理

电压比较器是集成运放非线性应用电路，它将一个模拟量电压信号和一个参考电压相比较，在二者幅度相等的附近，输出电压将产生跃变，相应输出高电平或低电平。电压比较器可以组成非正弦波形变换电路及应用于模拟与数字信号转换等领域。

常用的电压比较器有过零比较器、具有滞回特性的过零比较器、双限比较器（又称窗口比较器）等。

（1）过零比较器　图3-36所示为加限幅电路的过零比较器。VS为限幅稳压管，信号从运放的反相输入端输入，参考电压为零。当$u_i > 0$时，输出$u_o = -(U_Z + U_D)$；当$u_i < 0$时，$u_o = +(U_Z + U_D)$。其电压传输特性如图3-36b所示。

过零比较器结构简单，灵敏度高，但抗干扰能力差。

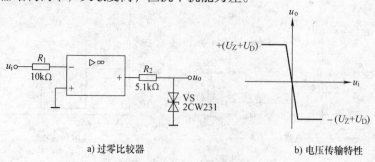

a) 过零比较器　　　　　　　　b) 电压传输特性

图3-36　过零比较器

（2）滞回比较器 图3-37所示为具有滞回特性的过零比较器。

过零比较器在实际工作时，如果 u_i 恰好在过零值附近，则由于零点漂移的存在，u_o 将不断由一个极限值转换到另一个极限值，这在控制系统中，对执行机构将是很不利的。为此，就需要输出特性具有滞回现象。如图3-37a所示，从输出端引一个电阻分压正反馈支路到同相输入端，若 u_o 改变状态，Σ 点也随着改变电位，使过零点离开原来位置。当 u_o 为正（记作 U_+），

$$u_i = \frac{R_2}{R_f + R_2} U_+$$

当 $u_i > U_\Sigma$ 后，u_o 即由正变负（记作 $U-$），此时 U_Σ 变为 $-U_\Sigma$。故只有当 u_i 下降到 $-U_\Sigma$ 以下，才能使 u_o 再度回升到 U_+，于是出现图3-37b中所示的滞回特性。$-U_\Sigma$ 与 U_Σ 的差别称为回差。改变 R_2 的数值可以改变回差的大小。

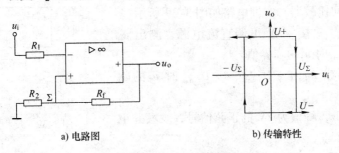

a) 电路图　　　　　　　　　　　b) 传输特性

图3-37　滞回比较器

（3）窗口（双限）比较器 简单的比较器仅能鉴别输入电压 u_i 比参考电压 U_R 高或低的情况，窗口比较电器是由两个简单比较器组成，如图3-38所示，它能指示出 u_i 值是否处于 U_R^+ 和 U_R^- 之间。如 $U_R^- < u_i < U_R^+$，窗口比较器的输出电压 u_o 等于运放的正饱和输出电压（$+U_{omax}$）；如果 $u_i < U_R^-$ 或 $u_i > U_R^+$，则输出电压 u_o 等于运放的负饱和输出电压（$-U_{omax}$）。

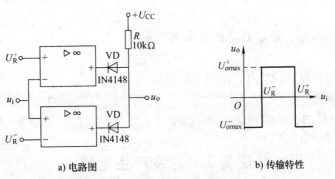

a) 电路图　　　　　　　　　　　b) 传输特性

图3-38　由两个简单比较器组成的窗口比较器

3. 实训设备与器件

① ±12V 直流电源。

② 函数信号发生器。

③ 双踪示波器。

④ 直流电压表。

⑤ 交流毫伏表。

⑥ 运算放大器 μA741 × 2。

⑦ 稳压管 2CW231 × 1。

⑧ 二极管 4148 × 2，电阻器等。

4. 实训内容

（1）过零比较器　实训电路如图 3-36 所示。

1）接通 ± 12V 电源。

2）测量 u_i 悬空时的 u_o 值。

3）u_i 输入 500Hz、幅值为 2V 的正弦信号，观察 $u_i \rightarrow u_o$ 波形并记录。

4）改变 u_i 幅值，测量传输特性曲线。

（2）反相滞回比较器　实训电路如图 3-39 所示。

1）按图接线，u_i 接 + 5V 可调直流电源，测出 u_o 由 $+ U_{omax} \rightarrow - U_{omax}$ 时 u_i 的临界值。

2）同上，测出 u_o 由 $- U_{omax} \rightarrow + U_{omax}$ 时 u_i 的临界值。

3）u_i 接 500Hz，峰值为 2V 的正弦信号，观察并记录 $u_i \rightarrow u_o$ 波形。

4）将分压支路 100kΩ 电阻改为 200kΩ，重复上述实验，测定传输特性。

（3）同相滞回比较器　实训电路如图 3-40 所示。

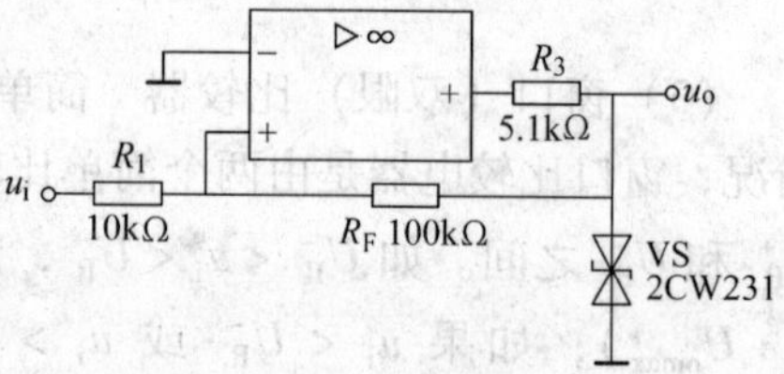

1）参照（2），自拟实训步骤及方法。

2）将结果与（2）进行比较。

（4）窗口比较器　参照图 3-38，自拟实训步骤和方法测定其传输特性。

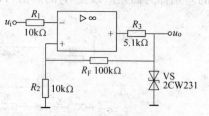

图 3-39　反相滞回比较器

图 3-40　同相滞回比较器

5. 实训总结

（1）整理实训数据，绘制各类比较器的传输特性曲线。

（2）总结几种比较器的特点，阐明它们的应用。

6. 实训考核要求

见共发射极单管放大器的调试实训考核要求。

任务 2　方波产生电路

◆　**问题引入**

在许多电子设备中，需要应用方波等非正弦波信号。产生方波的电路的种类很多，可采用分立元件、集成运算放大器、集成逻辑门电路组成。这里只介绍由集成运放构成的方波产生电路。

🅠 学一学——方波产生电路

1. 电路组成

方波产生电路是指在无输入信号的情况下，电路自行产生某种幅度、频率一定的方波。

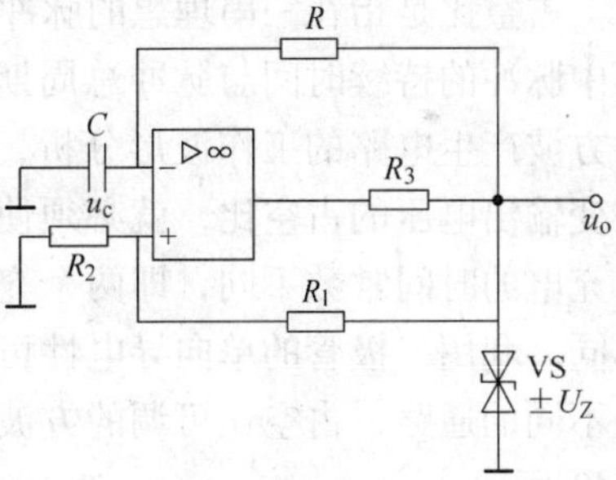

方波产生电路如图 3-41 所示，它由滞回电压比较器和 R、C 构成的积分电路组成。其中，滞回电压比较器是由运算放大器引入正反馈构成的。输出端的稳压管决定输出方波的幅度，R、C 构成的积分电路决定了方波的频率，电阻 R_3 为稳压管的限流电阻。

图 3-41 方波产生电路

2. 工作原理

在方波产生电路接通电源的瞬间，输出电压是正值还是负值由偶然因素决定。设在起始点输出电压为正值 $u_o = U_Z$，则同相输入端的电位为

$$u_{+1} = U_F = \frac{R_2}{R_1 + R_2} U_Z \tag{3-23}$$

$u_- = u_C$，且电容两端的电压不能突变，故反相输入端的电位约为零。输出电压通过电阻 R 向电容充电，电容上的电压也就是反相输入端的电压按指数规律增长，而同相输入端的电压保持大小不变。当反相输入端的电位超过同相输入端的电位时，输出电压翻转为 $u_o = -U_Z$，则同相输入端的电位为

$$u_{+2} = -U_F = -\frac{R_2}{R_1 + R_2} U_Z \tag{3-24}$$

反相输入端的电位会高于同相输入端的电位。电容会通过电阻 R 向输出端放电。电容上的电位也就是反相输入端的电位按指数规律下降。当下降到低于同相输入端的电位时，输出电压又翻转为高电平，又开始新一轮的振荡。如图 3-42 所示。

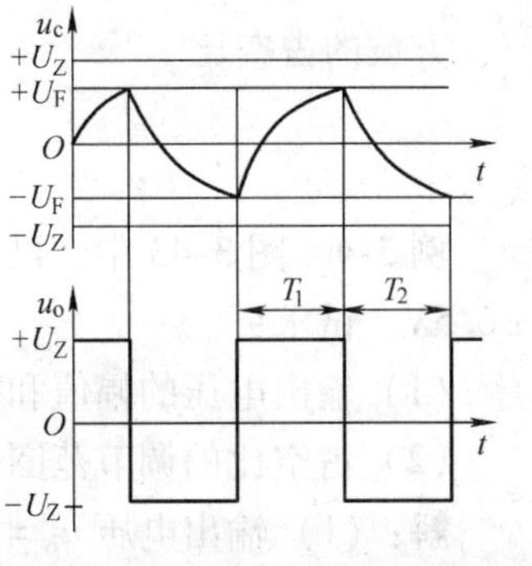

3. 输出电压的幅度及频率

（1）幅度 输出电压的幅度由稳压管的稳压值来决定。如需改变输出电压的幅度，只需更换稳压管即可。

（2）频率 输出电压的周期为

图 3-42 方波产生电路的工作波形

$$T = 2RC\ln\left(1 + 2\frac{R_2}{R_1}\right) \tag{3-25}$$

若适当选取电阻 R_1 和 R_2 的数值，即可使

$$\ln\left(1 + 2\frac{R_2}{R_1}\right) = 1$$

则

$$T = 2RC \tag{3-26}$$

而周期和频率互为倒数，有

$$f = \frac{1}{T} = \frac{1}{2RC} \tag{3-27}$$

4. 占空比可调的方波产生电路

占空比是指在一串理想的脉冲（如方波）序列中脉冲的持续时间与脉冲总周期的比值。通过对方波产生电路的工作波形分析，可以想象，欲改变输出电压的占空比，就必须使电容正向和反向充电的时间常数不同，即两个充电回路的参数不同。利用二极管的单向导电性可以引导电流流经不同的通路，占空比可调的方波产生电路如图3-43所示。

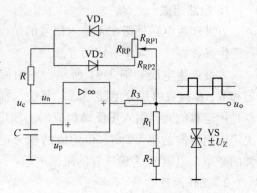

图3-43 占空比可调的方波产生电路

当 $u_o = + U_Z$ 时，u_o 通过 RP_1、VD_1 和 R 对电容正向充电，若忽略二极管导通时的等效电阻，则时间常数 $\tau_1 \approx (R_{RP1} + R)C$。

当 $u_o = - U_Z$ 时，u_o 通过 RP_2、VD_2 和 R 对电容反向充电，若忽略二极管导通时的等效电阻，则时间常数 $\tau_2 \approx (R_{RP2} + R)C$。

利用一阶 RC 电路的三要素法可以解得

$$T_1 = \tau_1 \ln\left(1 + 2\frac{R_2}{R_1}\right), \qquad T_2 = \tau_2 \ln\left(1 + 2\frac{R_2}{R_1}\right)$$

振荡周期

$$T = T_1 + T_2 = (R_{RP} + 2R)C\ln\left(1 + 2\frac{R_2}{R_1}\right) \tag{3-28}$$

方波的占空比

$$\delta = \frac{T_1}{T} = \frac{R + R_{RP1}}{2R + R_{RP}} \tag{3-29}$$

例3-4 图3-43中，已知 $R_1 = 40\mathrm{k\Omega}$，$R_2 = R_{RP} = 100\mathrm{k\Omega}$，$R = 10\mathrm{k\Omega}$，$C = 0.1\mathrm{\mu F}$，$\pm U_Z = \pm 6.5\mathrm{V}$。试求：

（1）输出电压的幅值和振荡频率是多少？

（2）占空比的调节范围是多少？

解： （1）输出电压 $u_o = \pm 6.5\mathrm{V}$。

振荡周期

$$
\begin{aligned}
T &= (R_{RP} + 2R)C\ln\left(1 + 2\frac{R_2}{R_1}\right) \\
&= \left[(2 \times 10 + 100) \times 10^3 \times 0.1 \times 10^{-6} \times \ln\left(1 + \frac{2 \times 20 \times 10^3}{100 \times 10^3}\right)\right]\mathrm{s} \\
&\approx 4.04 \times 10^{-3}\mathrm{s} \\
&= 4.04\mathrm{ms}
\end{aligned}
$$

振荡频率 $f = 1/T \approx 0.25\mathrm{kHz}$

（2）将 $R_{RP} = 0 \sim 100\mathrm{k\Omega}$ 代入式（3-29），可得方波占空比的最小值和最大值分别为

$$\delta_{\min} = \frac{T_1}{T} = \frac{R}{2R + R_{RP}} = \frac{10}{2 \times 10 + 100} \times 100\% = 8.33\%$$

$$\delta_{\max} = \frac{T_1}{T} = \frac{R + R_{RP}}{2R + R_{RP}} = \frac{10 + 100}{2 \times 10 + 100} \times 100\% = 91.7\%$$

占空比的调节范围在 8.33% ~ 91.7% 之间。

任务 3　三角波产生电路

◆　**问题引入**

在许多电子设备中，需要应用三角波、锯齿波等非正弦波信号。产生三角波的电路的种类很多，可采用分立元件、集成运算放大器、集成逻辑门电路组成。这里只介绍由集成运放构成的三角波产生电路。

　学一学——三角波产生电路

1. 电路组成

三角波产生电路是指在无输入信号的情况下，电路自行产生某种幅度、频率一定的三角波。

三角波产生电路如图 3-44 所示，它的构成是在电压比较器的后边加一个积分电路。

2. 工作原理

电路的工作原理是第一级电路由前面讲过的滞回电压比较器构成，即第一级输出电压为方波，第二级电路为反相积分器构成，积分电路可以将

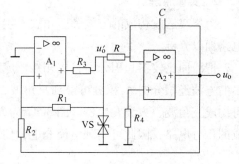

图 3-44　三角波产生电路

方波变为三角波，电阻 R_2 引入了整个电路的正反馈，其工作波形如图 3-45 所示。

3. 输出电压的幅度及频率

（1）幅度　第一级输出电压的幅度由稳压管的稳压值决定。第二级输出电压的幅度为

$$U_{om} = \frac{R_2}{R_1} U_Z \qquad (3-30)$$

（2）频率　输出电压的周期为

$$T = \frac{4R_2R}{R_1} C \qquad (3-31)$$

则频率为

$$f = \frac{1}{T} \qquad (3-32)$$

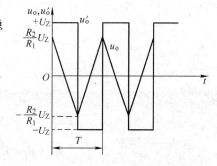

图 3-45　三角波产生电路的工作波形

例 3-5　在图 3-44 所示电路中，已知 $R_1 = 15\text{k}\Omega$，$R_2 = 10\text{k}\Omega$，$R = 3\text{k}\Omega$，$\pm U_Z = \pm 6\text{V}$，$C = 0.01\mu\text{F}$，求输出三角波电压幅值、振荡周期和频率。

解：根据式（3-30）有

$$U_{om} = \frac{R_2}{R_1}U_Z = \frac{10}{15} \times 6V = 4V$$

根据式（3-31）有

$$T = \frac{4R_2 R}{R_1}C = \frac{4 \times 10 \times 10^3 \times 3 \times 10^3}{15 \times 10^3} \times 0.01 \times 10^{-6}s = 8 \times 10^{-5}s = 0.08ms$$

根据式（3-32）有

$$f = \frac{1}{T} = \frac{1}{0.08 \times 10^{-3}}Hz = 12.5 \times 10^3 Hz = 12.5kHz$$

 练一练——波形发生电路

1. 实训目标

（1）学习用集成运放构成方波和三角波发生器。

（2）学习波形发生器的调整和主要性能指标的测试方法。

2. 实训原理

由集成运放构成的方波和三角波发生器有多种形式，本实训选用最常用的、比较简单的电路加以分析。

把滞回比较器和积分器首尾相接形成正反馈闭环系统，如图 3-46 所示，则比较器 A_1 输出的方波经积分器 A_2 积分可得到三角波，三角波又触发比较器自动翻转形成方波，这样即可构成三角波、方波发生器。图 3-47 为方波、三角波发生器输出波形图。由于采用运放组成的积分电路，因此可实现恒流充电，使三角波线性大大改善。

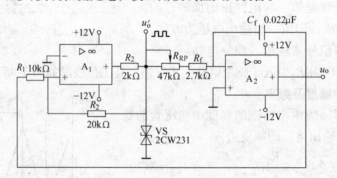

图 3-46　三角波、方波发生器

电路振荡频率　　　$f_o = \dfrac{R_2}{4R_1(R_f + R_{RP})C_f}$

方波幅值　　　　　　$U'_{om} = \pm U_Z$

三角波幅值　　　　　$U_{om} = \dfrac{R_1}{R_2}U_Z$

调节电阻值 R_{RP} 可以改变振荡频率，改变 $\dfrac{R_1}{R_2}$ 比值可调节三角波的幅值。

3. 实训设备与器件

① ±12V 直流电源。

② 双踪示波器。

③ 交流毫伏表。

④ 频率计。

⑤ 集成运算放大器 μA741 ×2。

⑥ 二极管 IN4148 ×2。

⑦ 稳压管 2CW231 ×1。

⑧ 电阻器、电容器若干。

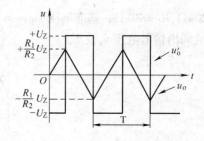

图 3-47　方波、三角波发生器
输出波形图

4. 实训步骤

按图 3-46 连接实训电路。

（1）将电位器电阻值 R_{RP} 调至合适位置，用双踪示波器观察并描绘三角波输出 u_o 及方波输出 u_o'，测其幅值、频率及 R_{RP} 值，记录之。

（2）改变 R_{RP} 的位置，观察对 u_o、u_o' 幅值及频率的影响。

（3）改变 R_1（或 R_2），观察对 u_o、u_o' 幅值及频率的影响。

5. 实训总结

（1）整理实训数据，把实测频率与理论值进行比较。

（2）在同一坐标纸上，按比例画出三角波及方波的波形，并标明时间和电压幅值。

（3）分析电路参数变化（R_1，R_2 和 R_{RP}）对输出波形频率及幅值的影响。

6. 实训考核要求

见共发射极单管放大器的调试实训考核要求。

小　　结

1. 集成运放在非线性运用方面的主要应用之一是电压比较器。电压比较器是用来判断输入信号与参考信号相对大小的。这既是对信号的比较，也是对信号波形的变换。单限比较器结构简单但容易产生误翻，抗干扰能力差，而滞回比较器则具有很强的抗干扰能力，在实际中有广泛的应用。

2. 非正弦波信号发生器是在电压比较器的基础上构成的。方波、三角波、锯齿波等非正弦波信号通常由比较器、反馈网络和积分电路等构成。

习　　题

一、填空题

1. 方波发生器由＿＿＿＿＿＿＿＿＿＿＿＿＿＿＿＿＿＿＿＿构成。

2. 三角波发生器由＿＿＿＿＿＿＿＿＿＿＿＿＿＿＿＿＿＿＿＿构成。

3. 非正弦信号产生电路的特点是：＿＿＿＿＿＿＿＿＿＿＿＿＿＿＿＿。

二、分析题

1. 在集成运放线性运用时，要用到哪两个特点？

2. 电压比较器的功能是什么？试画出过零比较器和具有滞回特性比较器的电路图与传输特性。

三、计算题

1. 滞回比较器的电路如图 3-32 所示，电路中稳压管的稳定电压 ±U_Z = ±9V，R_2 =

$20\text{k}\Omega$, $R_f = 40\text{k}\Omega$，基准电压 $U_{\text{REF}} = 3\text{V}$，输入电压为图 3-48 所示的正弦波，$\pm U_{\text{im}} = \pm 6\text{V}$，试画出输出电压 u_o 波形。

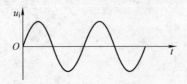

图 3-48　输入电压波形

2. 电压比较器的电路如图 3-49 所示，已知 $U_Z = 5\text{V}$，$U_D \approx 0$，$R_1 = 1\text{k}\Omega$，$R_2 = 7\text{k}\Omega$，（1）说明 R_1、R_4 构成何种反馈；（2）画出该电路的电压传输特性，并标明有关参数；（3）若输入电压 $u_i = 5\sin\omega t$，试画出 u_o 波形图。

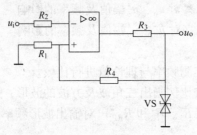

图　3-49

3. 在图 3-44 三角波产生电路中，已知 $R_1 = 10\text{k}\Omega$，$\pm U_Z = \pm 6\text{V}$，$C = 0.01\mu\text{F}$，输出三角波电压幅值为 $\pm 4\text{V}$，振荡频率为 5kHz，求 R_2 和 R。

学习情境 3　函数信号发生器制作实例

任务 1　用 LM324 制作一个简易函数信号发生器

 看一看——函数信号发生器印制电路板

图 3-50 所示为函数信号发生器印制电路板。

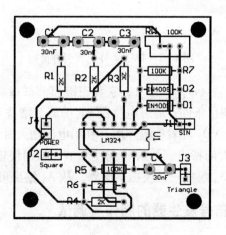

图 3-50　函数信号发生器印制电路板

学一学——函数信号发生器的组成及工作原理

1. 实践制作函数信号发生器电路图

用 LM324 制作的函数信号发生器原理图如图 3-51 所示。

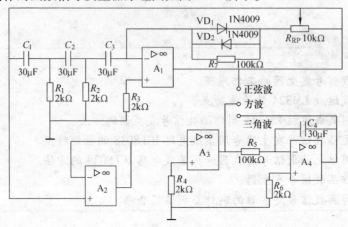

图 3-51　函数信号发生器原理图

2. 函数信号发生器工作原理

集成运放 LM324 采用 14 脚双列直插塑料封装，外形如图 3-52a 所示。它的内部包含四组形式完全相同的运算放大器，除电源共用外，四组运放相互独立。每一组运算放大器有 3 个引出脚，其中 "+"、"–" 为两个信号输入端，"U_o" 为输出端。LM324 的引脚排列如图 3-52b 所示。由于 LM324 四运放电路具有电源电压范围宽，静态功耗小，可单电源使用，价格低廉等优点，因此被广泛应用在各种电路中。

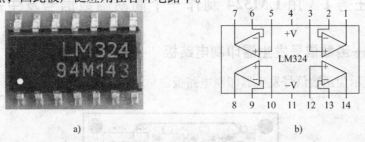

a)　　　　　　　　　　b)

图 3-52　LM324 外形和引脚排列

由集成运放 A_1 作反向器（$\phi_A = 180°$），它和三级超前移相器（$\phi_F = 180°$）构成移相式正弦振荡器，满足振荡的相位条件；通过电位器 RP 的调节增益来满足振幅条件。电路中两个反向并联的二极管 VD_1、VD_2 起着稳幅作用，利用电流增大时二极管动态电阻减小、电流减小时二极管动态电阻增大的特点，加入非线性环节，从而使输出电压稳定。由集成运放 A_2 作为跟随器使用，A_3、A_4 组成三角波振荡电路，从 A_3 输出可得到方波。

 做一做——函数信号发生器的制作与调试

1. 清点并检测元器件

元器件明细表见表 3-3。

表3-3　元器件明细表

序　号	名　　称	规格型号	数　量
1	运算放大器 IC	LM324	1
2	IC 插座	双列 14 脚	1
3	二极管	IN4009	2
4	有机芯微调电阻器	WSW 10kΩ	1
5	电阻	RJ71 100kΩ	2
6	电阻	RJ71 2kΩ	5
7	电解电容器	CD11 30μF 25V	4

2. 实践制作工具及仪器仪表

电烙铁 1 把，焊锡丝，普通万用表 1 只，示波器 1 台，镊子 1 把。

3. 实践制作过程

（1）识读函数信号发生器电路原理图和印制电路板图。

（2）清点、检测元器件，对照印制电路板图检查印制电路板质量情况。

（3）先在印制电路板上找到相对应的元器件的位置，将元器件成形。

（4）采用边插装边焊接的方法依次正确插装焊接好元器件（注意二极管、电解电容的正、负极）。

（5）检查焊点无虚焊、搭焊后通电检测。

（6）连接示波器探头至正弦波、方波、三角波输出端口处测试波形。

 写一写——函数信号发生器制作与调试任务书

（1）函数信号发生器的制作指标　该发生器可产生三种波形：正弦波、方波、三角波。

（2）函数信号发生器的制作要求如下：

1）画出实际设计电路原理图和印制板图。

2）写出元器件及参数选择。

3）元器件的检测。

4）元器件的预处理。

5）基于印制电路板的元器件焊接与电路装配。

6）在制作过程中发现问题并能解决问题。

（3）实际电路检测与调试　选择测量仪表与仪器，对电路进行实际测量与调试。

（4）制作与调试报告书　撰写函数信号发生器的制作与调试报告书，写出制作与调试全过程，附上有关资料和图样，有心得体会。

任务 2　用专用集成电路 ICL8038 制作函数信号发生器

 学一学——函数信号发生器的组成及工作原理

1. 实践制作函数信号发生器电路图

采用单片函数信号发生器专用集成电路 ICL8038 组成的简单函数信号发生器，如图

3-53 所示。

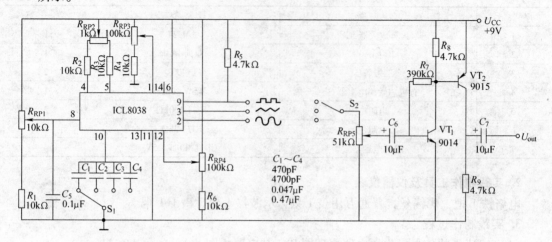

图 3-53　采用 ICL8038 组成的函数信号发生器

2. 函数信号发生器工作原理

函数信号发生器一般是指能自动产生正弦波、三角波、方波及锯齿波等电压波形的电路或仪器。根据用途不同，有产生三种或多种波形的函数信号发生器，使用的器件可以是分立器件，也可以采用集成电路。本设计采用由专用集成电路 ICL8038 与晶体管放大器共同组成的方波—三角波—正弦波函数信号发生器。

（1）ICL8038 简介　集成电路 ICL8038 是一种性能优良的单片函数信号发生器专用电路。它只需要外接少量阻容元件，就可以产生正弦波、三角波、方波。其频率范围为 $0.1Hz \sim 300kHz$，方波占空比可调，正弦波失真度可调，工作电压范围宽，输出信号幅度大于 1V，使用十分方便。

ICL8038 内部框图如图 3-54 所示，它由恒流源 I_1 和 I_2、电压比较器 A 和 B、触发器、缓冲器和三角波变正弦波电路等组成。

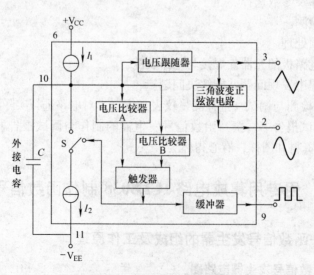

图 3-54　ICL8038 内部框图

外接电容 C 由两个恒流源充电和放电，电压比较器 A、B 的阈值分别为电源电压（指 $U_{CC} + U_{EE}$）的 2/3 和 1/3。恒流源 I_1 和 I_2 的大小可通过外接电阻调节，但必须 $I_2 > I_1$。当触发器的输出为低电平时，恒流源 I_2 断开，恒流源 I_1 给 C 充电，它的两端电压 u_C 随时间线性上升，当 u_C 达到电源电压的 2/3 时，电压比较器 A 的输出电压发生跳变，使触发器输出由低电平变为高电平，恒流源 I_2 接通，由于 $I_2 > I_1$（设 $I_2 = 2I_1$），恒流源 I_2 将电流 $2I_1$ 加到 C 上反向充电，相当于 C 由一个净电流 I 放电，C 两端的电压 u_C 又转为直线下降。当它下降到电源电压的 1/3 时，电压比较器 B 的输出电压发生跳变，使触发器的输出由高电平跳变为原来的低电平，恒流源 I_2 断开，I_1 再给 C 充电，如此周而复始，产生振荡。若调整电路，使 $I_2 = 2I_1$，则触发器输出为方波，经反相缓冲器由引脚⑨输出方波信号。C 上的电压 u_C 的上升与下降时间相等，为三角波，经电压跟随器从引脚③输出三角波信号。将三角波变成正弦波是经过一个非线性的变换网络（正弦波变换器）而得以实现，在这个非线性网络中，当三角波电位向两端顶点摆动时，网络提供的交流通路阻抗会减小，这样就使三角波的两端变为平滑的正弦波，从引脚②输出。

图 3-55 所示为 ICL8038 引脚图。

ICL8038 引脚功能如下。

①、⑫ ADJ – SINE$_1$，ADJ – SINE$_2$：正弦波波形调整端。通常 ADJ – SINE$_1$ 开路或接直流电压，ADJ – SINE$_2$ 接电阻到 $-V_{EE}$，用以改善正弦波波形和减小失真。

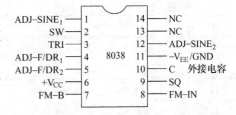

图 3-55 ICL8038 引脚图

② SW：正弦波输出。

③ TRI：三角波输出。

④，⑤ ADJ – F/DR$_1$，ADJ – F/DR$_2$：输出信号重复频率和占空比（或波形不对称度）调节端。通常 ADJ – F/DR$_1$ 端接电阻 R_A 到 $+V_{CC}$，ADJ – F/DR$_2$ 端接 R_B 到 $+V_{CC}$，改变阻值可调节频率和占空比。

⑥ $+V_{CC}$：正电源。

⑦ FM – B：调频工作的直流偏置电压。

⑧ FM – IN：调频电压输入端。

⑨ SQ：方波输出。

⑩ C：外接电容到 $-V_{EE}$ 端，用以调节输出信号的频率与占空比。

⑪ $-V_{EE}$/GND：负电源端或地。

⑬，⑭ NC：空脚。

（2）工作原理 如图 3-53 所示，这个电路同时产生正弦波、三角波和方波，频率可在 10Hz ~ 100kHz 范围内连续变化。ICL8038 的外围阻容网络由 R_{RP1}、C_1 ~ C_4 组成，它们决定了电路的振荡频率。4 个不同挡位的电容决定频率的倍率，而 R_{RP1} 则完成频率范围的细调，以获得所需的输出频率。

如图 3-53 所示电路在要求不高的场合，完全可以满足一般使用。但需要注意的是，该电路三种波形的输出信号，电压幅度只有 1V 左右，且带负载的能力较差，这需要后续放大电路，才能使输出信号电压幅度得到提高。这里采用了由晶体管组成的直接耦合放大器。视需要信号幅度调整微调电位器电阻值 R_{RP1}，信号由第一级晶体管 VT$_1$ 放大后，再经由射极

跟随器 VT_2 输出。这样既保证了信号输出幅度的需求，又能保证与负载的最佳连接。

 做一做——函数信号发生器的制作与调试

1. 清点并检测元器件

元器件明细表见表 3-4。

表 3-4　元器件明细表

序　号	代　　码	名　　称	规　格　型　号	数　量
1	IC	集成电路	ICL8038	1
2	R_1、R_2、R_3、R_4、R_6	电阻	RJ71 10kΩ ±5%	5
3	R_5、R_8、R_9	电阻	RJ71 4.7kΩ ±5%	3
4	R_7	电阻	RJ71 390kΩ ±5%	1
5	RP_1	微调电位器	3296 – 10kΩ	1
6	RP_2	微调电位器	3296 – 1kΩ	1
7	RP_3、RP_4	微调电位器	3296 – 100kΩ	2
8	RP_5	电位器	WTX – 1W　51kΩ	1
9	C_1	电容	CB10　470pF	1
10	C_2	电容	CB10　4700pF	1
11	C_3	电容	CB10　0.047μF	1
12	C_4	电容	CB10　0.47μF	1
13	C_5	电容	CL11　0.1μF	1
14	C_6、C_7	电容	CD11　10μF/25V	2
15	VT_1	晶体管	9014	1
16	VT_2	晶体管	9015	1
17	S_1	小型瓷质波段开关	KCX1 ×4	1
18	S_2	小型瓷质波段开关	KCX1 ×3	1

2. 实践制作工具及仪器仪表

电烙铁 1 把，焊锡丝，普通万用表 1 只，示波器 1 台，镊子 1 把。

3. 实践制作过程

（1）识读函数信号发生器电路原理图。

（2）检测所有元器件、印制电路板或实验板。

（3）装配完仔细检查无误后待测量、调试。

（4）调试

1）将微调电位器的滑动端置于中间位置，选挡波段转换开关在 $C_1 \sim C_4$ 之间任选一挡。

2）调试电路，使其振荡，产生方波（示波器观测引脚 9），通过调试 R_{RP2} 使方波占空比达到 50%。

3）用示波器分别观测三种波形，反复调整 R_{RP1}、R_{RP2}、R_{RP3}，测量输出电压波形幅度，用频率计同步观测各种波形的输出频率变化，用失真度仪观测正弦波的失真度。

写一写——函数信号发生器制作与调试任务书

（1）函数信号发生器的制作指标　该发生器能自动产生正弦波、三角波、方波。

输出波形：正弦波、三角波、方波。

频率范围：10Hz ～ 100kHz 连续可调。

输出电压：输出波形幅值范围 0 ～ 5V 连续可调。

（2）函数信号发生器的制作要求

1）画出实际电路原理图和印制电路板图。

2）写出元器件及参数选择。

3）元器件的检测。

4）元器件的预处理。

5）基于印制电路板或实验板的元器件焊接与电路装配。

6）在制作过程中发现问题并能解决问题。

（3）实际电路检测与调试　选择测量仪表与仪器，对电路进行实际测量与调试。

（4）制作与调试报告书　撰写函数信号发生器的制作与调试报告书，写出制作与调试全过程，附上有关资料和图样，有心得体会。

拓展项目　电子设计软件 EWB 的应用

本项目学习载体是电子设计软件 EWB（全称为 Electronics Workbench）。它提供了虚拟实训和电路分析两种仿真分析手段，可用于模拟电路、数字电路、数模混合电路和部分强电电路的实训、分析和设计。与其他仿真分析软件相比，EWB 的最显著特点是提供了一个操作简便且与实际很相似的虚拟实训平台。它几乎能对电子技术课程中的所有基本电路进行虚拟实训（又称仿真实训），虚拟实训过程和仪器操作方法与实际相似，但比实际方便、省时。它还能开设实际无法进行或不便进行的实训内容，例如观测开路、短路、漏电和过载等非常情况的影响或后果等。通过存储、打印等方法，还可精确记录实训结果。因此 EWB 是一种优秀的电子技术课程 CAI 工具。应用 EWB，可使电子技术课程教学方便地实现边学边练的教学模式，从而使学生更快更好地掌握理论知识，并熟悉常用电子仪器的使用方法和电子电路的测量方法，便于比较理论分析与工程实际之间的异同。

 学习目标

- ➢ 掌握 EWB 的基本操作方法。
- ➢ 熟悉电子元器件及操作使用。
- ➢ 学会仪器仪表的使用操作方法。
- ➢ 熟悉电子电路设计和测试实例。
- ➢ 掌握仿真实训方法。

 工作任务

- ➢ 安装 EWB 软件和构成界面。
- ➢ 创建 EWB 的电路。
- ➢ 会用七种虚拟仪器。
- ➢ 典型电子电路的仿真实训。
- ➢ 电路分析。

学习情境1　认识电子设计软件 EWB

任务1　EWB 软件的安装和界面构成

◆　问题引入

EWB 提供了十多种电路分析功能，能仿真分析所设计电路的实际工作状态和性能。它与其他 EDA（电子设计自动化）软件具有较好的互通性。例如：它与常用的电子电路分析软件 PSPICE 元器件库兼容，且电路可通过 SPICE 网表文件相互转换；所设计好的电路可直接输出至印制电路板排版软件如 Protel 等，因此 EWB 是一种优秀的 EDA 软件。

◆　任务描述

本项目首先交待 EWB 的基本使用方法和任务，然后根据需要给出有代表性的仿真实训与分析训练项目，旨在与正文中的实际训练项目相比较或相补充，提高学生在电子技术方面的分析、实践和开发设计能力。

💡看一看——EWB 的主窗口组成及作用

EWB 的主窗口如图 4-1 所示。

❓学一学——EWB 对系统的要求和软件安装

下面学习 EWB 目前常用版本 EWB 4.0 的基本使用方法。

1. 系统要求

（1）当运行在 Microsoft Windows 3.1/3.11/95 操作系统时要求：486 以上微机，与之兼容的鼠标，8MB RAM（推荐 16MB RAM）。

（2）约 37MB 硬盘空间（安装约占 17MB，其余用于运行时建立临时文件）。

2. 光盘安装

（1）启动 Windows，将 EWB 光盘放入光驱，运行其中的 Setup 文件。

（2）根据屏幕提示信息，确定安装路径、目录，进行安装。

3. 组成作用

用鼠标双击 EWB 图标启动 EWB，将出现如图 4-1 所示的主窗口，其主要组成及各部分作用如下。

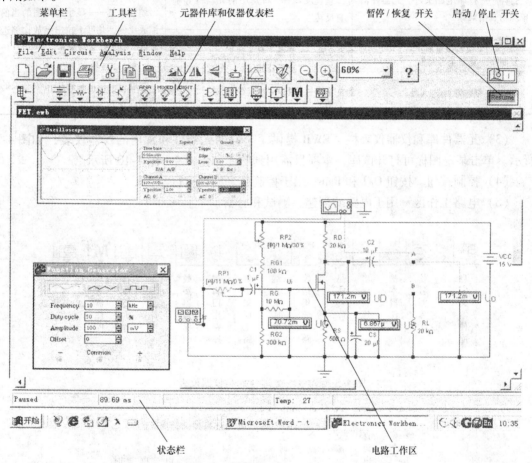

图 4-1　EWB 的主窗口

（1）菜单栏　用于选择文件管理、创建电路和仿真分析等所需的各种命令。

（2）工具栏　提供常用的操作命令，如图 4-2 所示。用鼠标单击某一按钮，可完成表 4-1 所示的相应功能。

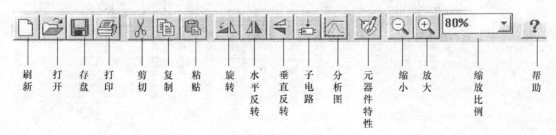

图 4-2　EWB 的工具栏

表4-1　EWB 工具栏的功能

刷新——清除电路工作区，准备生成新电路	旋转——将选中的元器件等逆时针旋转90°	缩小——将电路图缩小一定比例
打开——打开电路文件	水平反转——将选中的元器件等水平反转	放大——将电路图放大一定比例
存盘——保存电路文件		
打印——打印电路文件、元器件清单和仿真结果等	垂直反转——将选中的元器件等垂直反转	缩放比例——显示电路图的当前缩放比例，并可下拉出缩放比例选择框
剪切——剪切至剪贴板	子电路——生成子电路	
复制——复制至剪贴板	分析图——调出仿真分析图	
粘贴——从剪贴板粘贴	元器件特性——调出元器件特性对话框	帮助——调出与选中对象有关的帮助内容

（3）元器件库和仪器仪表栏　EWB 提供了丰富的元器件和常用的仪器仪表，如图 4-3 所示。单击某一图标可打开该库，本项目需用到的库如图 4-4 ~ 图 4-10 所示。

（4）控制按钮　按钮 O/I 和 Pause 用于控制仿真实训运行与否。

（5）电路工作区　用于电路的创建、测试和分析。

图 4-3　EWB 的元器件库和仪器仪表栏

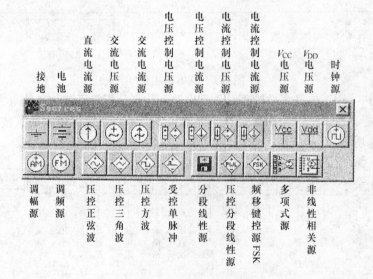

图 4-4　信号源库

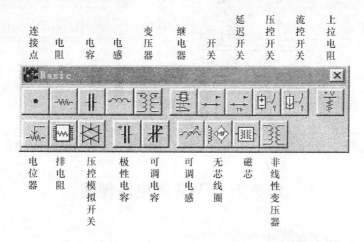

图 4-5　基本器件库

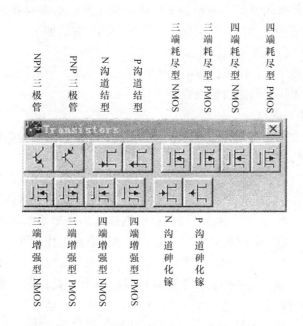

图 4-6　晶体管库

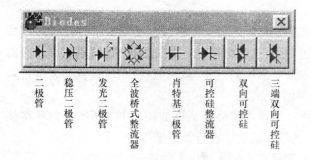

图 4-7　二极管库

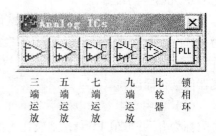

图 4-8　模拟集成电路库

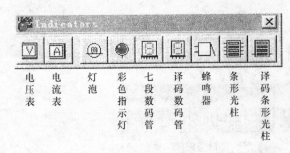

电压表　电流表　灯泡　彩色指示灯　七段数码管　译码数码管　蜂鸣器　条形光柱　译码条形光柱

图 4-9　指示器件库

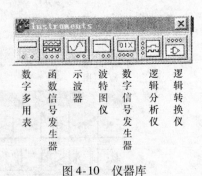

数字多用表　函数信号发生器　示波器　波特图仪　数字信号发生器　逻辑分析仪　逻辑转换仪

图 4-10　仪器库

任务 2　EWB 的电路创建

练一练——输入并编辑电路

进行仿真分析之前首先要在主窗口的工作区创建电路，通常是在主窗口（相当于一个虚拟实训平台）直接选用元器件连接电路，其一般步骤和方法如下。

1. 元器件的取用

取用某元器件的操作为：用鼠标单击它所在的元器件库，然后用鼠标单击并按住所需元器件，将它拖至电路工作区的欲放置位置。

2. 元器件的编辑

在创建电路时，常需要对元器件进行移动、旋转、删除和复制等编辑操作，这时首先要选中元器件，然后进行相应操作。

选中某元器件的方法是单击之，被选中的元器件将以红色显示。若要同时选中多个元器件，可按住"Ctrl"键不放，然后逐个单击所选的元器件，使它们都显示为红色，然后放开"Ctrl"键。若要选中一组相邻元器件，可用鼠标拖拽画出一个矩形区域把这些元器件框起来，使它们都显示为红色。若要取消选中状态，可单击电路工作区的空白部分。

移动元器件的方法为：先选中，再用鼠标拖拽，或用箭头键作微小移动。

旋转元器件的方法为：先选中，再根据旋转目的单击工具栏的"旋转"、"水平反转"和"垂直反转"等相应按钮。

删除和复制元器件的方法与 Windows 下的常用删除和复制方法一样，例如：选中元器件后，用"Delete"键删除，用工具栏"copy"，和"Paste"按钮进行复制、粘贴等。

3. 元器件的设置

从库中取出的元器件的设置是默认值，构成电路时需将它按电路要求进行设置。方法为：选中该元器件后单击工具栏的"元件特性"按钮（或双击该元器件），弹出相应的元器件特性对话框，例如图 4-11 所示。然后单击对话框的选项标签，进行相应设置。通常是对元器件进行标识和赋值（或模型选择），举例如下。

（1）电阻、电容和电感等简单元器件　元器件特性对话框如图 4-11a 所示。如要将某电阻标为 R_5 并取值 15kΩ，则应在元器件特性对话框中进行如下操作：

1）单击标识选项"Label"进入 Label 对话框，键入该电阻的标识符号"R_5"。

2）单击数值选项"Value"进入 Value 对话框，键入电阻值"15"，并用图中的箭头按

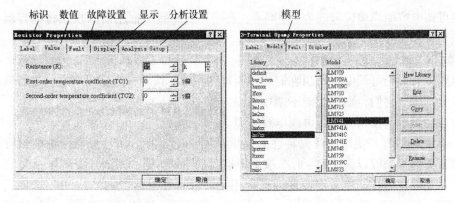

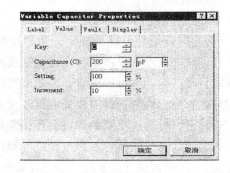

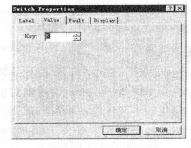

a) 电阻特性对话框   b) 运放特性对话框

c) 可调电容特性对话框   d) 开关特性对话框

图 4-11   元器件特性对话框

钮选中 "kΩ"。

3）单击 "确定"。电容和电感等的操作方法类似。

（2）晶体管和运放等复杂器件   元器件特性对话框如图 4-11b 所示，与简单元器件特性对话框的主要区别是数值选项 "Value" 换成了模型选项 "Models"。例如要将某运算放大器标为 A1 并选用 LM741，则在对话框中：

1）单击标识选项 "Label"，键入标识符号 "A1"。

2）单击模型选项 "Models" 选择欲采用的模型：在 "Library" 框单击 "lm7××"，在 "Model" 框单击 "LM741"。

3）确定选项 "Models" 的默认设置通常为 "ideal"。利用 "Models"，选项中的 "Edit" 按钮，还可进行元器件参数的设置。

（3）电位器和可调电容等可调元器件的设置与使用   元器件特性对话框如图 4-11c 所示，与简单元器件特性对话框的主要区别是选项 "Value" 的设置。例如要将某可变电容设置为：标识 C1，满电容量 200pF，当前电容量调为满电容量的 50%（即 100pF），用键盘控制调节电容值，且按一下键盘的 "C" 键使电容量减小满电容量的 10%，则应在元器件特性对话框中进行如下操作：

1）单击标识选项 "Label"，键入标识符号 "C1"。

2）单击选项 "Value" 进入 Value 对话框，在 "Key" 框键入控制键符号 "C"，在 "Capacitance" 框键入满电容量值 "200"，并用箭头按钮选中 "pF"，在 "Setting" 框用箭头按钮将可调电容的当前位置选为"50%"，在"Increment"框用箭头按钮将电容调节时的变化量选为"10%"。

3）单击"确定"按钮。

若电路中有多个可调电容，当它们的控制键相同时，按动控制键可对它们进行联调；反之，若要分别调节它们，则控制键不能相同。

电位器的设置与使用方法与可调电容类似。

（4）开关的设置与使用　开关特性对话框如图 4-11d 所示，通常要设置标识符和控制键。当某开关的控制键设为"K"时，按一下键盘的"K"键，则该开关动作一次。

除了对元器件进行上述常用设置外，利用元器件特性对话框的"Fault"选项，可设置Short（短路）、Open（开路）和 Leakage（漏电）等故障，以便仿真观察这些故障对电路工作的影响。"Fault"选项的默认设置为 None（无故障）。

4. 电路的连接

（1）连接方法　连线的操作：将鼠标指向欲连端点使其出现小圆点，然后按住鼠标左键拖拽出一根导线并指向欲连的另一个端点使其出现小圆点，释放鼠标左键则完成连线。

导线上的小圆点称为连接点，它会在连线时自动产生，也可以放置，需要放置时可从基本器件库拖取，直接插入连线中。引出电路的输入、输出端时，就需要先放置连接点，然后将作为输入、输出端子的连接点与电路连通。需注意，一个连接点最多只能连接来自四个方向的导线。将元器件拖拽至导线上，并使元器件引出线与导线重合，则可将该元器件直接插入导线。

（2）编辑方法

1）删除、改接与调整　导线、连接点和元器件都可在选中后按"Delete"键进行删除。对导线还可这样操作：将鼠标指向该导线的一个连接点使其出现小圆点，然后按住鼠标左键拖拽该圆点使导线离开原来的连接点，释放鼠标左键则完成连线的删除，而若将拖拽移开的导线连至另一个连接点，则可完成连线的改接。

在连接电路时，常需要对元器件、连接点或导线的位置进行调整，以保证导线不扭曲和电路连接简洁、可靠、美观。移动元器件、连接点的方法为：选中后用四个箭头键微调。移动导线的方法为：将光标贴近该导线，然后按下鼠标左键，这时光标变成一双向箭头，拖动鼠标，即可移动该导线。

2）导线颜色的设置　通常示波器的输入线需设置颜色，因为示波器波形的颜色由相应输入通道的导线颜色确定，不同输入通道设置不同颜色后便于观察与区别。设置方法为：选中该导线后单击工具栏的"元件特性"按钮，（或双击该导线），使弹出导线特性对话框，然后单击选项"Schematic Options"，单击"Set Wire Color"按钮，使弹出"Wire Color"对话框，单击欲选的颜色，最后单击"确定"。

3）连接点的设置　与元器件和导线类似，连接点也可通过其特性对话框进行设置，通常是对它标识或设置颜色。

5. 检查电路并及时保存

输入的电路图文件应及时保存，第一次保存前需确定文件欲保存的路径和文件名。电路完成连接后应仔细检查，确保输入的电路图无误、可靠。

读者可按本项目的训练任务为例进行创建电路练习，并保存文件以便后面仿真之用。

学习情境 2　虚拟仪器及其使用

任务 1　模拟仪器仪表的基本使用方法

◆ **问题引入**

　　EWB 的仪器库提供了数字多用表、函数信号发生器、示波器、波特图仪、数字信号发生器、逻辑分析仪和逻辑转换仪等七种虚拟仪器，其图标如图 4-10 所示。指示器件库中提供了电压表和电流表，其图标如图 4-9 所示。它们的使用方法基本上与实际仪表相同，虚拟仪器每种只有一台，而电压表和电流表的数量则没有限制。

◆ **任务描述**

　　取用仪器仪表的方法与取用元器件相同，即单击打开相应库，将相应图标拖拽到工作区的欲放置位置。移动和删除的方法也相同。

　　连接实训电路时，仪器仪表以图标形式存在，其输入、输出端子的含义如图 4-12 ~ 图 4-16 所示，可根据其含义在电路中进行相应连接，这与实际实训中是一样的。

　　下面学习模拟仪器仪表的取用与接法，通过观察仪表读数，学会观测和分析电子电路。

 学一学——六种仪表的面板构成及用法

1. 电压表和电流表的使用

　　电压表和电流表的图标如图 4-12a 所示，粗黑边对应的端子为负极，另一端则为正极，测量直流（DC）电量时若正极接电位高端、负极接电位低端，则显示正值，反之则显示负值。测量交流（AC）电量时显示信号的有效值。它有纵向和横向两种引出线方式，选中后使用工具栏旋转按钮可进行引出方式的转换。其默认设置为：测量直流、电压表内阻为 $1M\Omega$、电流表内阻为 $1n\Omega$，测量时应根据需要进行设置。例如要测量交流电压，估计被测电路阻抗为 $10M\Omega$，为减小测量误差，欲将电压表内阻设置为 $1000M\Omega$，操作方法为：双击该电压表打开特性对话框，如图 4-12b 所示，单击选项 "Value"，在 "Resistance" 框键入

"1000"，并用箭头按钮选择"M"，在"Mode"框的下拉框中选中"AC"，最后单击"确定"按钮。利用特性对话框也可进行电压表、电流表的标识。

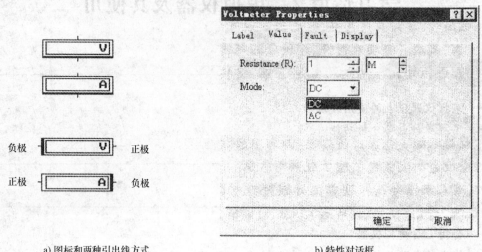

a) 图标和两种引出线方式　　　　　　　b) 特性对话框

图4-12　数字多用表

2. 数字多用表的使用

双击数字多用表图标可打开其面板，如图4-13所示。它用于测量交、直流的电压和电流，也可测电阻，只要选中相应的按钮即可。对它也能设置表内阻等参数，方法是：单击"Settings"按钮打开对话框，根据测量需要进行相应设置。

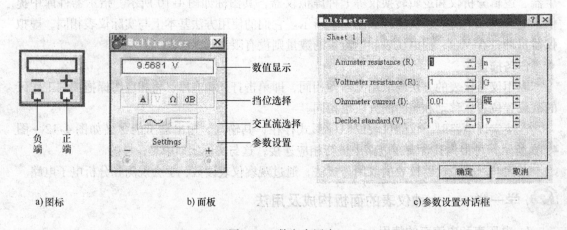

a) 图标　　　　　　　　b) 面板　　　　　　　　c) 参数设置对话框

图4-13　数字多用表

3. 函数信号发生器的使用

双击图标打开其面板，如图4-14b所示，根据实训电路对输入信号的要求进行相应设置。例如要输出10kHz，100mV幅度正弦波的设置为：单击正弦波按钮，在"Frequency"框键入"10"，并选择单位"kHz"，在"Amplitude"框键入"100"，并选择单位"mV"。图4-14b中的"Duty cycle"设置用于三角波和方波，"Offset"指在信号波形上所叠加的直流量。需注意，信号大小的设置值为幅度而不是有效值。

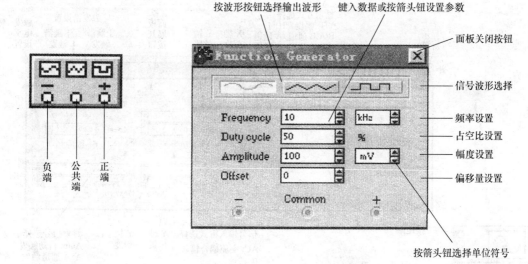

按波形按钮选择输出波形　　键入数据或按箭头钮设置参数

面板关闭按钮

信号波形选择

频率设置

占空比设置

幅度设置

偏移量设置

按箭头钮选择单位符号

负端　　公共端　　正端

a) 图标　　　　　　　　　　　　b) 面板与参数设置列表框

图 4-14　函数信号发生器

4. 示波器的使用

双击图标打开其面板，如图 4-15b 所示。由图可见它与实际仪器一样，由显示屏、输入通道设置、时基调整和触发方式选择四部分组成，其使用方法也和实际仪器相似，简介如下。

（1）输入通道（Channel）设置　输入通道 A 和 B 是各自独立的，其设置方法一样。输入方式 AC/0/DC 中，AC 方式用于观察信号的交流分量，DC 方式用于观察信号的瞬时量，选择 0 则输入接地。Y 轴刻度表示纵坐标每格代表多大电压，应根据信号大小选择合适值。Y 轴位置用于调节波形的上下位置以便观测。刻度和位置值可键入，也可单击箭头按钮选择。

（2）触发方式（Trigger）选择　包括触发信号、触发电平和触发沿选择三项，通常单击选中"Auto"即可。

（3）时基（Time base）调整　显示方式选项在观测信号波形时选择"Y/T"，X 轴刻度表示横坐标每格代表多少时间，应根据频率高低选择合适值。X 轴位置用于调节波形的左右位置。刻度和位置值可键入，也可单击箭头按钮选择。

（4）虚拟示波器的特殊操作　按下面板上部的"Expand"按钮可将 EWB 示波器的面板展开，如图 4-15c 所示，将红（指针1）、蓝（指针2）指针拖拽至合适的波形位置，就可较准确地读取电压和时间值，并能读取两指针间的电压差和时间差，因此测量幅度、周期等很方便。按下"Reduce"按钮则可将示波器面板恢复至原来大小。

用示波器观察时，为便于区分波形，可通过设置导线颜色确定波形颜色。

示波器一般连续显示并自动刷新所测量的波形，如希望仔细观察波形和读取数据，可设置"示波器屏幕满暂停"，使显示波形到达屏幕右端时自动稳定不动。方法为：单击菜单"Analysis"，单击"Analysis Options"，在对话框中单击"Instruments"，在 Oscilloscope 框选中"Pause after each screen"，即可。示波器屏幕满暂停时仿真分析暂停，要恢复仿真可单击主窗口右上角"Pause"按钮或按"F9"键。

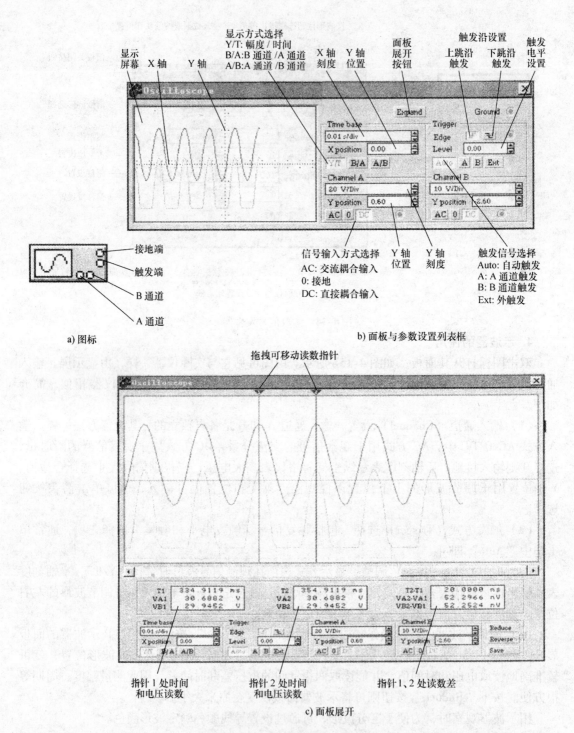

图 4-15 示波器

5. 波特图仪的使用

波特图仪又称频率特性仪或扫频仪，用于测量电路的频率特性，其图标如图 4-16a 所示。它的一对输入端应接被测电路的输入端，而一对输出端应接被测电路的测试端，测量时电路输入端必须接交流信号源并设置信号大小，但对信号频率无要求，所测的频率范围由波特图仪设定。使用方法为：双击打开面板，如图 4-16b 所示，进行如下设置。

（1）选择测量幅频特性或相频特性　单击相应按钮。

（2）选择坐标类型　单击相应按钮。通常水平坐标选"Log"，垂直坐标测幅频特性时选"Log"（单位为 dB）、测相频特性时选"Lin"（单位为角度）。

（3）设置坐标的起点（I 框）和终点（F 框）　选择合适值以便清楚完整地进行观察。水平坐标选择的是所测量的频率范围，垂直坐标选择的是测量的分贝范围（或角度范围）。

单击主窗口的启动开关"O/I"按钮，电路开始仿真，波特图仪的显示屏就可显示所测频率特性，拖拽显示屏上的指针至欲测位置，根据读数显示值就可得欲测值，例如图 4-16b 中读数为频率 7.961kHz；增益 17.81dB。

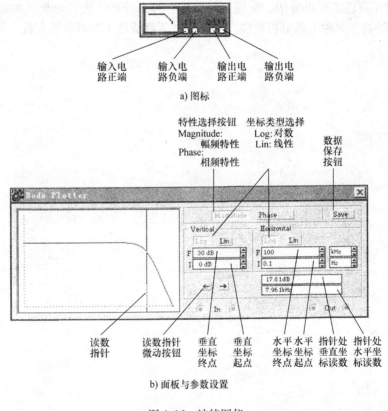

图 4-16　波特图仪

若观测时波特图仪参数或电路测试点有变动，建议重新启动电路，以保证仿真结果的准确性。

任务 2　电路的仿真分析

 练一练——EWB 电路仿真分析

1. 虚拟实训法

（1）启动 EWB　双击 EWB 图标进入 EWB 主窗口。

（2）创建实训电路　连接好电路和仪器，并保存电路文件。

（3）仿真实训

1）设置仪器仪表参数。

2）运行电路。单击主窗口的启动开关"O/I"按钮，电路开始仿真，若再单击此按钮，则仿真结束。若要使仿真暂停，可单击主窗口的"Pause"按钮，也可按"F9"键，再次单击"Pause"按钮，则仿真恢复运行。

3）观测记录实训结果。实训结果可存储或打印输出，并可用 Windows 的剪贴板输出。

读者可以按学习情境 3 进行训练。

2. 电路分析法

EWB 提供了直流工作点分析、交流频率分析、瞬态分析、失真分析、参数扫描分析和温度扫描分析等共十多种电路分析功能。下面通过学习情境 3 学习各种分析方法。

学习情境3　模拟电子电路的仿真实训与分析

学习目标

➢ 熟悉典型电子电路的设计。
➢ 熟悉典型电子电路的测试。
➢ 掌握电路分析方法。

工作任务

➢ 二极管应用电路仿真实训。
➢ 晶体管放大电路仿真实训。
➢ 场效应晶体管放大电路仿真实训。
➢ 互补对称功率放大电路仿真实训。
➢ 仪器放大器仿真实训。
➢ 小信号交流放大电路仿真实训。
➢ 一阶有源低通滤波电路仿真实训。
➢ LC 正弦波振荡电路仿真实训。
➢ 电路分析。

任务1　二极管应用电路仿真实训

1. 实训目标

（1）熟悉 EWB 的操作环境，学习 EWB 的电路图输入法和仿真实训法。

（2）学习 EWB 中双踪示波器、数字多用表、电位器和开关的设置及使用方法。

（3）了解单相半波整流电容滤波电路，加深理解二极管的应用。

2. 实训电路

单相半波整流电容滤波实训电路如图 4-17 所示。

3. 内容与方法

（1）进入 Windows 环境并建立用户文件夹　例如要在 Windows 环境下建立用户文件夹 "D：\EDA"，步骤为：

1）进入资源管理器窗口　单击 "开始" 按钮，再单击 "程序（P）" 子菜单中的 "资源管理器"。

2）选择新文件夹根基　单击资源管理器窗口左边的驱动器 "（D：）"。

3）建立新文件夹　单击 "文件（F）" 菜单，再单击 "新建（N）" 子菜单中的 "文件夹（F）"，然后键入新文件夹名 "EDA"，按 "回车"。

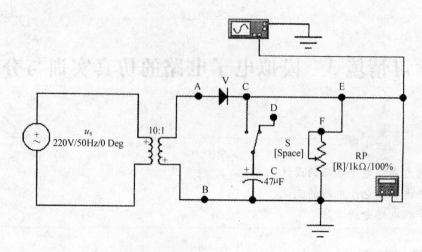

图4-17 单相半波整流电容滤波实训电路

（2）创建单相半波整流电容滤波实训电路

1）启动 EWB 双击"EWB"图标启动 EWB。

2）按图4-17在电路工作区连接电路。

① 安放元器件（或仪器）。单击打开相应元器件库（或仪器库），将所需元器件（或仪器）拖拽至相应位置。利用工具栏的旋转、水平反转、垂直反转等按钮使元器件符合电路的安放要求。

② 连接电路。

3）给元器件标识、赋值（或选择模型） 双击元器件打开元器件特性对话框，进行相应设置。

① 信号源 u_s 单击"Label"，键入"us"。单击"Value"，将"Voltage"、"Frequency"、"Phase"框分别设置为"220V"、"50Hz"、"0"。单击"确定"。

② 10:1 的变压器 单击"Label"，键入"10:1"。单击"Models"，选中"Library"中的"default"和"Model"中的"ideal"，单击"Edit"按钮打开参数设置对话框，在"Primary – to – Secondary turns ratio"框键入"10"。单击"确定"。

③ 二极管 VD 单击"Label"，键入"VD"。单击"Models"，选中"Library"中的"default"和"Model"中的"ideal"。单击"确定"。

④ 电容 C 单击"Label"，键入"C"。单击"Value"，将"Capacitance"设置为"40μF"。单击"确定"。

⑤ 开关 S 单击"Label"，键入"S"，单击"确定"。由于只有一个开关，故控制键可采用其默认设置的"Space"（空格键）。否则应在"Value"选项的"Key"框键入控制键符号。

⑥ 电位器 RP 单击"Label"键入"RP"。单击"Value"，将"Resistance"，"Setting"，"Increment"框分别设置为"1kΩ"、"100"、"10"。单击"确定"。这时电位器控制键采用其默认设置的"R"，按一下西文状态下的"R"键，将使电位器电阻减小10%。

4）给结点 A ~ F 进行标识 双击结点打开其特性对话框，单击"Label"，键入标识符号，然后单击"确定"。

5）通过设置导线颜色确定示波器波形颜色　双击示波器相应输入线打开其特性对话框，单击选项"Schematic Options"，单击"Set Wire Color"，按钮使弹出"Wire Color"对话框，单击欲选的颜色，最后单击"确定"。例如：将 Channel A 输入线设置为红色，Channel B 输入线设置为绿色，则相应波形也分别为红、绿色。

6）检查　仔细检查，确保输入的电路图无误、可靠。

7）保存　单击"File"菜单，再单击"Save"则出现"Save Circuit File"对话框，这时首先要确定文件所存的路径：例如单击"D"，双击前面新建的文件夹名"EDA"；然后键入用户文件名，单击"保存"，则该文件将存在路径"D:\EDA"下。（实训时应注意及时保存文件，并注意文件的路径）。

（3）仿真实训

1）观测整流电路

① 双击示波器图标打开面板，如图 4-15b 所示。

② 设置示波器参数。参考值为：Time base 设置"0.01s/div"、"Y/T"显示方式；Channel A 设置"20V/div"、Y Position"0.60"、"DC"或"AC"工作方式；Channel B 设置"20V/div"、Y Position"-2.6"、"DC"工作方式；Trigger 设置"Auto"触发方式。

③ 运行电路。单击主窗口右上角"O/I"按钮，示波器即可显示工作波形。Channel A 显示变压器二次电压 u_{AB} 波形；Channel B 显示半波整流电路输出电压 u_{EB} 的波形。

④ 观察并记录波形及其幅度。为便于观测，可单击示波器面板上的"Expand"将示波器面板展开，如图 4-15c 所示。单击"Reduce"则回到示波器面板。单击主窗口"Pause"按钮可控制暂停或仿真，利用示波器读数指针读取幅度。

⑤ 用数字多用表测量直流输出电压。双击数字多用表图标打开面板，如图 4-13b 所示，进行设置：单击"V"和"—"（直流）按钮。观察并记录所显示的直流输出电压值。

2）观测整流滤波电路

① 按一下空格键，开关将打向结点 C，电路即成为半波整流、电容滤波电路。

② 观察示波器波形的变化并定性记录波形（利用"File"菜单中的"Print"功能，可将示波器波形打印输出）。

③ 用数字多用表测量直流输出电压。注意，应等待读数较稳定后再读取数据。

④ 按西文状态下的"R"键，观察整流滤波输出电压波形的变化和数字多用表读数变化。

⑤ 将 E、F 两点断开，使负载开路，观察并记录整流滤波输出电压波形的变化和数字多用表读数的变化。

3）仿真结果分析　若仿真结果不收敛或波形不正常，可能由下列问题引起。

① 电路连接不正确或并未真正接通。

② 没有"接地"或"地"没有真正接好。

③ 元器件参数设置不当。

④ 测量仪器设置、使用不当。

4. 实训报告要求

（1）项目名称、训练时间、目的、内容及实训电路。

（2）整理测量记录，分析测量结果。

（3）根据测量结果分别估算：半波整流电路和半波整流、电容滤波电路的直流输出电压与变压器二次电压有效值之比。

（4）总结负载对整流滤波输出电压波形和大小的影响。

任务2　晶体管放大电路仿真实训

1. 实训目标

（1）熟悉 EWB 的仿真实训法，熟悉 EWB 中双踪示波器和信号发生器的设置和使用方法。学习电压表的使用方法。

（2）熟悉放大电路的基本测量方法，了解使放大电路不失真地放大信号应注意的问题。

（3）加深理解共发射极放大电路的工作原理和性能、特点。

2. 实训电路

共发射极放大电路实训电路如图 4-18 所示。

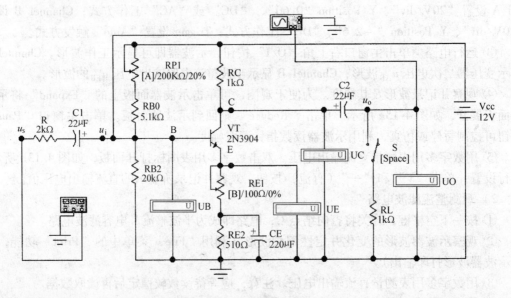

图4-18　共发射极放大电路实训电路

3. 内容与方法

（1）建立用户文件夹　进入 Windows 环境并建立用户文件夹。

（2）创建实训电路

1）启动 EWB。

2）按图 4-18 连接电路。

3）给元器件标识、赋值（或选择模型）。（建议电位器 RP1 的变化量"Increment"设置为 1%）。

4）仔细检查，确保电路无误、可靠。

5）保存（注意路径和文件名，并及时保存）。

（3）测量静态工作点

1）单击主窗口右上角"O/I"按钮，运行电路，记录电压表 UB，UC，UE 的读数，填入表4-2，分析静态工作点是否合适，并与理论值进行比较。（须说明，电压表未加设置时其参数为默认值，即测量直流、内阻1MΩ）。

2）将电压表 UB 的"Resistance"设置改为"0.1MΩ"，重新启动电路，观察电压表 UB，UC，UE 读数的变化，分析原因。用电压表 UB 分别测量 B、E、C 三点的电位（测量 E 和 C 点时需重新启动电路），填入表4-2，比较仪器输入阻抗对被测电路工作和测量结果的影响。

表4-2　测量共发射极放大电路的静态工作点

电压表	测 试 数 据			测 试 计 算 值		
内阻/MΩ	U_{BQ}/V	U_{CQ}/V	U_{EQ}/V	U_{BEQ}/V	U_{CEQ}/V	I_{CQ}/mA
1						
0.1						

（4）观察与调整

1）打开信号发生器面板，设置输出 1kHz，幅度 50mV 的正弦波。打开示波器面板，进行设置，参考值为：Time base 设置"0.2ms/div"、"Y/T"显示方式；Channel A 设置"10mV/div"、"AC"输入方式，Channel B 设置"1V/div"，"AC"输入方式；Trigger 设置"Auto"触发方式。然后展开示波器面板。

2）运行电路。观察输出电压 u_o 的波形。分析波形为何出现失真。

3）设置负反馈电阻的电阻值 R_{E1} 为 20Ω，观察输出波形大小和失真的变化。

4）增大输入信号 u_s，使输出与无反馈时一样大，观察输出波形失真的改善。

此项实训建议设置示波器"屏幕满暂停"。

下面的测量在加有负反馈电阻的电阻值 R_{E1}（20Ω）的条件下进行。

（5）测量放大电路基本性能

1）测量电压放大倍数、输入电阻和输出电阻

① 设置电压表 UB、UO 以测量交流输入、输出电压的有效值。设置"Mode"为"AC"，"Resistance"为"1MΩ"。

② 输入 1kHz、幅度 50mV 的正弦波，运行电路，在输出不失真的条件下分别读取电路空载和有载时电压表 UB、UO 的值，记入表4-3，计算电压放大倍数、输入电阻和输出电阻。（按空格键可控制开关接通与否）。

表4-3　测量共发射极放大电路的电压放大倍数、输入电阻、输出电阻

测 试 条 件			测 试 数 据		电压放大倍数		输入电阻/kΩ		输出电阻/kΩ	
f	U_{sm}	R_L	U_i/mV	U_o/mV	计算公式	计算值	计算公式	计算值	计算公式	计算值
1kHz	50mV	∞								
		1kΩ								

2）观测最大不失真输出电压　增大信号发生器的信号幅度，使输出波形失真。再逐步减小输入使输出波形刚刚不失真，此时的输出即为最大不失真输出，电压表 UO 的读数即为最大不失真输出电压的有效值。

（6）观察电容对电路工作的影响　在负载电阻值 $R_L = 1\text{k}\Omega$，输入为 1kHz，幅度 50mV 正弦波的条件下，分别定性观测电容值 C1、C2 和 CE 对输出信号和输出、输入间相移的影响情况，记入表 4-4。建议设置示波器"屏幕满暂停"。

表 4-4　耦合和旁路电容对电路工作的影响

电 容 值			定性观测结果	
C1/μF	C2/μF	CE/μF	输出信号大小变化	输出、输入间相移的变化
22	22	220		
10	22	220		
0.01				
22	10	220		
	0.01			
22	22	100		
		2.2		

（7）观察静态工作点对电路工作的影响

1）按动"A"键，减小电位器电阻值 R_{RP1}，观察输出波形的变化。定性记录 R_{RP1} 为 7% 时的输出波形，并根据电压表 UC 的读数计算此时的 I_{CQ}。

2）增大电位器电阻值 R_{RP1}，观察输出波形的变化。定性记录 R_{RP1} 为 10% 时的输出波形，并根据电压表 UC 的读数计算此时的 I_{CQ}。

4. 实训报告要求

（1）项目名称、训练时间、目的、内容及实训电路。

（2）整理测量记录，分析测量结果，并根据测量结果计算静态工作点、电压放大倍数、输入电阻、输出电阻。

（3）分析总结输出波形失真的原因与改进措施。

（4）分析耦合和旁路电容对电路输出的影响，总结电容的选择原则。

（5）总结负载对输出信号大小的影响。

（6）分析总结测量仪表输入阻抗对电路工作和测量结果的影响。

任务3　场效应晶体管放大电路仿真实训

1. 实训目标

（1）进一步熟悉 EWB 的仿真实训法和放大电路的调整、测量方法。

（2）加深理解共源放大电路的性能和特点。

2. 实训电路

场效应晶体管放大电路实训电路如图 4-19 所示。

3. 内容与方法

（1）创建实训电路　启动 EWB，创建并保存图 4-19 所示电路。

（2）观察与调整

1）打开信号发生器面板，设置输出 10kHz，幅度 100mV 的正弦波。打开示波器面板，

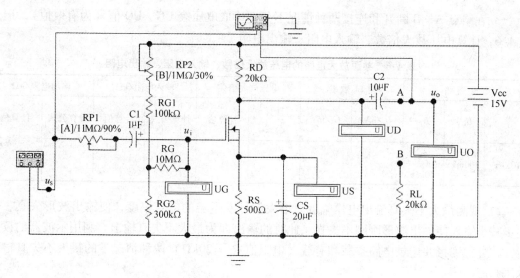

图 4-19 场效应晶体管放大电路实训电路

进行设置，参考值为：Time base 设置"0.02ms/div"、"Y/T"显示方式；Channel A 设置"50mV/div"、"AC"输入方式，Channel B 设置"100mV/div"、"AC"输入方式；Trigger 设置"Auto"触发方式。并展开示波器面板。

2）单击主窗口右上角"O/I"按钮运行电路，用示波器观察输出电压 u_o 的波形，保证在输出不失真的条件下进行下面的测量。（最好能学会配合调节电阻值 R_{RP2} 和输入幅度，使输出电压达到最大且不失真）。

（3）测量静态工作点

1）场效应晶体管的栅源电阻很大，因此根据图 4-19 电路可知，电压表 UG 所测电路的电阻为几兆欧，而电压表输入电阻默认设置为 1MΩ，因此，采用默认电阻值是不合适的，可设置电压表 UG 的"Resistance"为"1000MΩ"。

2）将信号发生器的输出端断开，运行电路，记录电压表 UG、US、UD 的读数，填入表 4-5。

3）将电压表 UG 的"Resistance"设置改为"10MΩ"，重新启动电路，观察并记录电压表 UG 读数的变化，分析原因。

表 4-5 测量共源放大电路的静态工作点

测 试 值			静态工作点计算值		
U_{GQ}/V	U_{SQ}/V	U_{DQ}/V	U_{GSQ}/V	U_{DSQ}/V	I_{DQ}/mA

（4）测量放大电路基本性能

1）测量电压放大倍数、输入电阻和输出电阻

① 设置电压表 UG："Mode"为"AC"，"Resistance"为"1000MΩ"。设置电压表 UO："Mode"为"AC"。

② 输入 10kHz、幅度 100mV 的正弦波，运行电路。

③ 在结点 A、B 断开和连接两种情况下分别读取电压表 UG、UO 值（为有效值），记入表 4-6，计算电压放大倍数、输入电阻、输出电阻。

表 4-6 共源放大电路的电压放大倍数、输入电阻、输出电阻

测 试 条 件			测 试 数 据		电压放大倍数		输入电阻/kΩ		输出电阻/kΩ	
f	U_{sm}	R_L	U_i/mV	U_o/mV	计算公式	计算值	计算公式	计算值	计算公式	计算值
10kHz	100mV	∞								
		20kΩ								

2）观测最大不失真输出电压幅度 增大信号发生器的信号幅度，使输出波形失真。再逐步减小输入使输出波形刚刚不失真，此时的输出即为最大不失真输出。利用示波器的读数指针，分别测量并记录电路空载和有载（电阻值 $R_L = 20kΩ$）两种情况下的最大不失真输出电压幅度。

4. 实训报告要求

（1）项目名称、训练时间、目的、内容及实训电路。

（2）整理测量记录，分析测量结果，根据测量结果计算静态工作点、电压放大倍数、输入电阻、输出电阻。

（3）分析总结负载对电压放大倍数的影响。

（4）分析总结测量仪表输入阻抗对测量结果的影响。

任务 4 互补对称功率放大电路仿真实训

1. 实训目标

（1）进一步熟悉 EWB 的仿真实训法，掌握 EWB 中双踪示波器、信号发生器、电压表和电流表的设置及使用方法。

（2）学习互补对称功率放大电路输出功率、效率的测量方法。

（3）观察交越失真现象，学习克服交越失真的方法。

（4）加深理解乙类和甲乙类互补对称功率放大电路的工作原理。

2. 实训电路

互补对称功率放大电路实训电路如图 4-20 所示。

3. 内容与方法

（1）创建实训电路 启动 EWB，创建并保存图 4-20 所示电路。

（2）观察乙类互补对称功率放大电路

1）设置信号发生器。选择正弦波，"Frequency"为"1kHz"，"Amplitude"为"3V"。设置示波器，参考值为：Time base 设置"0.2ms/div"、"Y/T"显示方式；Channel A 和 B 的 Y 轴刻度设置"2V/div"；Trigger 设置"Auto"触发方式。并展开示波器面板。

2）将结点 B1、B2 与 A 相连，使图 4-20 接成乙类互补对称功放电路。

3）观察交越失真现象。运行电路，观察比较输入、输出波形。记录输出电压交越失真波形。改变信号发生器的信号幅度，观察信号大小对波形失真情况的影响。

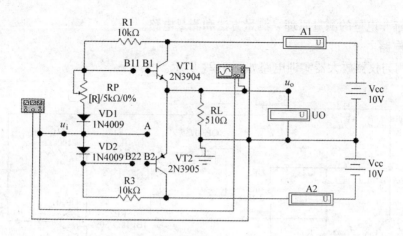

图 4-20　互补对称功率放大电路实训电路

（3）观测甲乙类互补对称功率放大电路

1）将实训电路改接成甲乙类互补对称功放电路。将结点 B1、B2 与 A 断开，B1 与 B11 相连，B2 与 B22 相连。

2）观察交越失真的消除。输入 1kHz，3V 的正弦波，运行电路，观察输出波形，并与乙类互补对称功放电路的波形相比较。

3）调节电位器 RP，观察输出电压波形的变化，并分析原因。

4）将电路参数恢复为图 4-20 所示，电压表的"Mode"设置为"AC"，电流表采用默认设置（"Resistance"为"1MΩ"，"Mode"为"DC"）。调节输入信号幅度，使功放输出为最大不失真电压。记录电压表和电流表读数，填入表 4-7，根据测量结果计算最大不失真输出功率、电源供给功率和效率，并与理论值进行比较。

表 4-7　测量功放性能

	U_{omax}/V	I_{DC}/mA	P_{om}/W	P_{DC}/W	效率 η
理论公式					
理论值					
测量值					

4. 实训报告要求

（1）项目名称、训练时间、目的、内容及实训电路。

（2）整理测量记录，分析测量结果。根据测量结果估算最大不失真输出功率 P_{om}、电源供给功率 P_{DC}，效率 η。

（3）根据观测结果，总结信号大小对交越失真的影响及克服交越失真的方法。

（4）分析调节电位器影响功放输出电压波形的原因。

任务 5　仪器放大器仿真实训

1. 实训目标

（1）熟悉仪器放大器电路及其应用，了解集成运放应用中应注意的问题。

（2）了解非电量的测量原理、测量方法和测量电路。

2. 实训电路

信号检测与仪器放大器实训电路如图 4-21 所示。

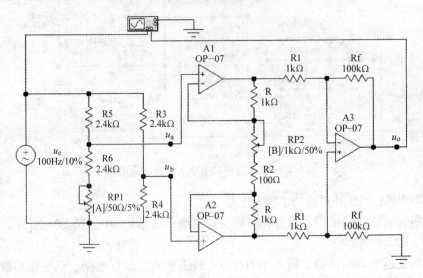

图 4-21　信号检测与仪器放大器实训电路

3. 内容与方法

　　自然界的物理信号多为非电量，为了应用电子技术对它们进行处理，需要采用相应的器件将其转换为电信号，这种将非电量转换为电量的器件称为传感器，例如，将压力信号转换为电信号的器件称为压力传感器，它常用压力应变电阻实现。由于传感器的输出信号通常很微弱，在精密测量和控制系统中需要采用高精度、高性能的放大器对其进行放大。

　　图 4-21 中三个高性能集成运放构成的电路就是一种高精度的放大器，常称为仪器放大器或数据放大器。它具有很高的共模抑制比、极高的输入电阻、很低的输出电阻和很大的增益，其增益可调范围也很大。图 4-21 中激励信号源 u_e、桥路电阻 R3 ~ R6 和 RP1 构成压力传感器的信号检测电路，RP1 为压力应变电阻，其电阻值随所承受的压力而变，通常正比于压力。由图 4-21 可推导得出，当电阻值 R_{RP1} 很小时，信号检测电路的输出信号，也即仪器放大器的输入信号为

$$u_a - u_b \approx \frac{R_{RP1}}{9600} u_a$$

仪器放大器的电压放大倍数为

$$A_{uf} = \frac{u_o}{u_a - u_b} = -\frac{R_f}{R_1}\left(1 + \frac{2R}{R_2 + R_{RP2}}\right) = -100\left(1 + \frac{2000}{100 + R_{RP2}}\right)$$

因此输出电压 u_o 为

$$u_o = -\frac{R_{RP1}}{96}\left(1 + \frac{2000}{100 + R_{RP2}}\right)u_e$$

可见，仪器放大器的输出电压正比于电阻值 R_{RP1}，随压力而变。根据以上分析可知，当 $R_{RP1} = 1\Omega$，u_e 幅度为 10V 时，（$u_a - u_b$）仅为 1.04mV，即仪器放大器的输入信号很小，但

仪器放大器放大倍数很高，当 $R_{RP2}=500\Omega$ 时放大倍数为433，因此经放大后可得较大的输出。减小 R_{RP2} 则可提高仪器放大器的放大倍数，增大输出幅度。本实训的内容与方法如下。

（1）启动 EWB，输入图 4-21 所示电路（u_e 设置为 10V，100Hz、占空比 10%，运放选用 OP07），仔细检查，确保电路无误后，及时保存。

（2）设置示波器和波形颜色。

（3）测量输出电压 u_o 和压力应变电阻 R_{RP1} 的关系。运行电路，改变 R_{RP1} 阻值，利用示波器 expand 窗口的可移动指针读取输出脉冲电压 u_o 的幅度 U_{om}，记入表4-8 中，并与理论值进行比较。

表4-8 信号检测放大电路输出电压与压力应变电阻的关系

压力应变电阻 R_{RP1}		输出电压幅度 U_{om}/V	
百分比（%）	电阻值/Ω	测量值	理论值
0			
20			
40			
60			
80			
82			
85			
88			
90			
95			
100			

（4）调节信号检测放大电路的放大倍数。

1）观察调节电位器电阻值 R_{RP2} 对输出电压的影响。

2）欲在电阻值 $R_{RP1}=10\Omega$ 时使 $U_{om}=9V$，应将电阻值 R_{RP2} 调至多少？

（5）观察比较仪器放大器的误差。将运放改换为普通运放 LM741，再进行仿真分析，观察比较输出电压的变化。

4. 实训报告要求

（1）项目名称、训练时间、目的、内容及实训电路。

（2）整理测量记录，分析测量结果。

（3）根据表4-8 画出 U_{om} 与 R_{RP1} 的关系曲线，并分析：

1）u_o 较小时，u_o 与 R_{RP1} 的关系怎样？计算其比例系数。

2）输出信号的最大幅度为多少？为什么输出信号大小受限制？输出最大不失真电压时所对应的 R_{RP1m} 值为多少？欲增大 R_{RP1m} 值，应如何调节电位器 R_{RP2} 的值？

任务6 小信号交流放大电路仿真实训

1. 实训目标

（1）学习 EWB 中波特图仪的使用方法。

（2）熟悉小信号交流放大电路幅频特性的测量调整方法。掌握放大电路的电压传输特性。

（3）熟悉放大电路的输出饱和电压、负载能力和工作速度等实用问题，加深对信号失真问题的理解，学习避免信号失真的实用知识。

（4）加深理解集成运放交流放大电路的结构和工作原理。

2. 实训电路

小信号交流放大电路实训电路如图4-22所示。

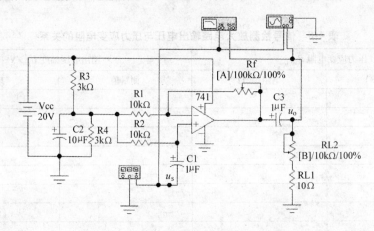

图4-22 小信号交流放大电路实训电路

3. 内容与方法

（1）创建实训电路 启动 EWB，输入并保存图4-22所示电路。

（2）测试准备 打开信号发生器面板，将其设置为幅度 0.1V，1kHz 的正弦波；打开示波器面板将参数设置为合适值。运行电路，观察 u_s、u_o 的波形、相位关系和放大倍数等，以保证下一步测量在放大电路正常工作、输出不失真的条件下进行。

（3）观测分析幅频特性

1）双击打开波特图仪面板，设置参数。参考值为：特性测量选择"Magnitude"；Vertical 坐标类型选择"Log"，其坐标范围选择起点 I 为"0dB"、终点 F 为"30dB"；Horizontal 坐标类型选择"Log"，其坐标范围选择起点 I 为"1kHz"、终点 F 为"1MHz"。

2）测量幅频特性。运行电路，记录波特图仪所显示的幅频特性，幅频特性曲线平坦区域的纵坐标读数即为中频电压增益 A_{umf}。增益比 A_{umf} 小 3dB 时对应的横坐标读数，小的即为下限频率 f_L，大的即为上限频率 f_H。利用波特图仪的读数指针读取数据，将测量结果记入表4-9测试项目1中。

3）观测耦合电容的电容值 C_1、C_3 对频率特性的影响。按表4-9测试项目2的要求进行测量，注意观察 C_1、C_3 大小对 f_L 的影响。

4）观测集成运放对频率特性的影响。按表4-9测试项目3的要求进行测量，观察集成运放对 f_H 的影响。

5）观测 R_f 对频率特性的影响。按表4-9测试项目4的要求进行测量，观察改变 R_f 对增益的影响以及减小增益对 f_H 的影响。

（4）测量传输特性及饱和电压 将电路参数恢复为图4-22所示，按表4-10要求输入

表 4-9 分析集成运放交流放大电路的幅频特性

表 4-9 分析集成运放交流放大电路的幅频特性

测试项目	测试条件（$U_{sm}=0.1V$，$R_L=10k\Omega$）				A_{umf}/dB		f_L/Hz	f_H/Hz
	运放模型	$C_1/\mu F$	$C_3/\mu F$	$R_f/k\Omega$	测量值	理论值	测量值	测量值
1	741	1	1	100				
2	741	0.1	1	100				
		1	0.1					
		0.1	0.1					
3	OP07	1	1	100				
4	741	1	1	50				

1kHz 正弦波，用示波器 expand 窗口的可移动指针读取输出电压 u_o 的幅度 U_{om}，记入表 4-10。

表 4-10 测量集成运放交流放大电路的传输特性

输入电压幅度 U_{sm}/V	0.00	0.30	0.60	0.80	0.90	0.95	1.00	1.30
输出电压幅度 U_{om}/V								

（5）观察负载能力 将电位器的电阻值 R_{L2} 从原来的 100% 减小为 10%，观察 u_o 波形有无变化。再将 R_{L2} 减小为 1% 和 0%，观察并记录 u_o 波形形状、大小的变化。

（6）观察集成运放大信号工作时转换速率 S_R 的影响 将电路参数恢复为图 4-22 所示，分别输入 1kHz 和 50kHz 的幅度为 0.5V 的正弦波，观察并记录 u_o 波形形状、大小的变化。

4. 实训报告要求

（1）项目名称、训练时间、目的、内容及实训电路。

（2）整理测量记录，分析测量结果。

（3）画出图 4-22 所示电路的幅频特性，并计算通频带宽度。

（4）根据表 4-9 分析总结下列问题：

1）改变耦合电容主要影响幅频特性的哪个参数？欲增大带宽应如何调节耦合电容的电容值 C_1？

2）f_H 主要受哪个元器件影响？

3）欲增大 A_{umf} 应如何调节电路参数？

（5）根据表 4-10 和输入、输出信号的相位关系画出图 4-22 所示电路的电压传输特性，并求输出饱和电压。

（6）根据观测结果，分析总结集成运放的负载能力以及负载过重时的现象。

（7）根据观测结果，总结集成运放转换速率 S_R 跟不上大信号变化速率时的现象。

（8）分析总结集成运放交流放大电路实际应用中应注意的问题。

任务 7 一阶有源低通滤波电路仿真实训

1. 实训目标

（1）掌握滤波电路频率特性的测量方法和主要参数的调整方法。

（2）了解频率特性对信号传输的影响；了解滤波电路的应用。

（3）巩固有源滤波电路的理论知识，加深理解滤波电路的作用。

2. 实训电路

一阶有源低通滤波电路实训电路如图4-23所示。

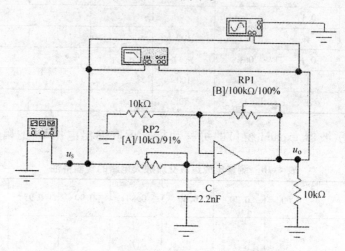

图4-23　一阶有源低通滤波电路实训电路

3. 内容与方法

（1）一阶有源低通滤波电路

1）创建实训电路　启动EWB，输入并保存图4-23所示电路。

2）测试准备　输入幅度1V，1kHz的正弦波，运行电路，用示波器观察 u_s，u_o 的波形，以确保电路正常工作。

3）观测和调整频率特性

① 观察幅频特性。按表4-11要求用波特图仪测量幅频特性，观察电位器电阻值 R_{RP2} 和电容值 C 大小对截止频率 f_H 的影响，观察电位器电阻值 R_{RP1} 大小对低频增益 A_{uf} 的影响。

表4-11　测量分析一阶有源低通滤波电路的幅频特性

测试条件（$U_{sm}=1V$）			A_{uf}/dB		f_H/kHz	
R_{RP2}/kΩ	C/nF	R_{RP1}/kΩ	测量值	理论值	测量值	理论值
9.1	2.2	100				
5	2.2	100				
9.1	2.2	100				
9.1	2.2	50				

② 观察相频特性。用波特图仪观察相频特性，参数设置参考值为：特性测量选择"Phase"；Vertical 坐标类型选择"Lin"，其坐标范围选择起点 I 为"0°"、终点 F 为"−90°"；Horizontal 坐标类型选择"Log"，其坐标范围选择起点 I 为"0.1Hz"、终点 F 为"10MHz"。

4）观察低通滤波电路对信号传输的影响　输入幅度为1V的正弦波，观察比较信号频率分别为 1kHz 和 10kHz 时输出电压 u_o 波形形状、大小的变化。将参数恢复为图 4-23 所示，进行观察比较，然后将输入波形改成方波，再进行观察比较，并定性记录波形。

5）设计滤波电路　设计一低频增益 A_{uf} 为 10dB、截止频率 f_H 为 1kHz 的低通滤波电路。

（2）100Hz 陷波电路

1）创建实训电路　输入并保存图 4-24 所示的 100Hz 陷波电路。

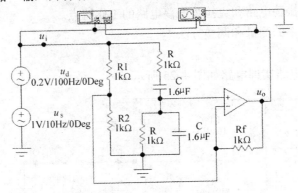

图 4-24　100Hz 陷波电路

2）用波特图仪测量幅频特性

① 测量并记录通带增益和陷波频率。

② 观察改变电阻值 R 或电容值 C 大小对截止频率的影响。

③ 观察电阻值 R_f 的大小对通带增益的影响。

3）观察干扰波形和陷波效果

① 图 4-24 中干扰信号 u_d 为 0.2V，100Hz 的正弦波，有用信号 u_s 为 1V，10Hz 的正弦波，电路的输入信号 u_i 由这两者叠加而成，因此有用信号上的干扰为高频干扰。用示波器观察这种高频干扰波形的特点，并定性记录波形。然后运行电路，用示波器比较 u_i 和 u_o 波形，观察陷波电路的滤波效果。

② 将有用信号 u_s 改为 1kHz，这时 u_i 波形为低频干扰波形，用示波器观察其波形特点，并定性记录波形。然后运行电路，观察陷波效果。

4）设计陷波电路　设计一个 50Hz 陷波电路。

4. 实训报告要求

（1）项目名称、训练时间、目的、内容及实训电路。

（2）整理测量记录，分析测量结果。

（3）画出图 4-23 所示一阶有源低通滤波电路的幅频特性，总结幅频特性参数的调节方法。

（4）画出图 4-23 所示电路输入 10kHz 方波时的输入、输出波形，并观测输出波形的失真。

（5）画出图 4-24 所示 100Hz 陷波电路的幅频特性，总结其幅频特性参数的调节方法。

（6）分别定性画出有高频干扰和低频干扰的波形。

（7）画出所设计的低频增益 A_{uf} 为 10dB，截止频率 f_H 为 1kHz 的低通滤波电路。

（8）画出所设计的 50Hz 陷波电路。

任务 8　LC正弦波振荡电路仿真实训

1. 实训目标

（1）熟悉电容三点式振荡电路及其工作原理。

（2）了解考毕兹振荡电路和克拉泼振荡电路的工作特点。

（3）掌握振荡频率的测量和调整方法。

2. 实训电路

电容三点式振荡电路实训电路如图 4-25 所示

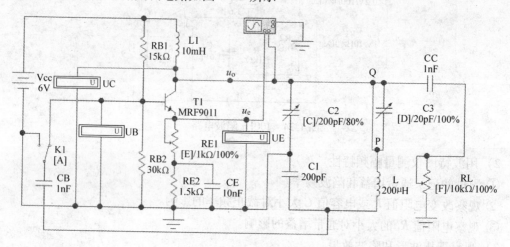

图 4-25　电容三点式振荡电路实训电路

3. 内容与方法

（1）创建实训电路　启动 EWB，输入并保存图 4-25 所示电路。

（2）观测考毕兹电路

1）检查振荡电路能否正常工作。运行电路，观察发射极电压 u_e 和输出电压 u_o 的波形，u_e 应为正半周导通的正弦波，u_o 则为基本不失真的正弦波。

2）测量直流工作点。按一下键"A"断开正反馈环路，使电路停振，根据表 4-12 要求测量直流工作点，并与理论值比较。然后再按一下键"A"接通正反馈环路，使电路振荡，观察电压表读数的变化，并测量此时的直流工作点。

表 4-12　测量考毕兹电路的直流工作点

测试条件	U_{BQ}/V		U_{EQ}/V		U_{CQ}/V		U_{BEQ}/V		U_{CEQ}/V		I_{CQ}/mA	
	测量值	理论值	测量值	理论值	测量值	理论值	测量值	理论值	测量值	理论值	测量值	理论值
停振												
振荡												

3）测量输出电压幅度和振荡频率。运行电路，等待振荡输出波形稳定后，利用示波器 expand 窗口的两根可移动指针测量输出电压幅度 U_{om} 和振荡频率 f_0，将测量结果记入表 4-13 第一项。

4）观测回路电容对振荡电路工作的影响。按表 4-13 要求，观测回路总电容和 C_1、C_2 的分压比对振荡与否、振荡波形、振荡频率和输出电压幅度的影响。

表 4-13　回路电容对考毕兹电路的影响

回 路 电 容				f_0/kHz		U_{om}/V
C_1/pF	C_2/pF	分压比 n $n = C_2/(C_1 + C_2)$ 计算值	回路总电容 C/pF $C = C_1 C_2/(C_1 + C_2)$ 计算值	测量值	理论值	测量值
200	200					
	100					
	50					
	20					
100	200					
50	200					

5）观测负反馈电阻电阻值 R_{E1} 对振荡电路工作的影响。调节电阻值 R_{E1}，观察对振荡与否、振荡波形和输出大小的影响，记录 $R_{E1} = 200\Omega$ 时的波形，并加以分析。

6）观测负载电阻值 R_L 对振荡电路工作的影响。调节电阻值 R_L，观察对振荡与否、振荡波形和输出电压幅度的影响。

（3）观测克拉泼电路

1）断开结点 P、Q 之间的连线，则图 4-25 构成克拉泼电路。运行电路，观察比较振荡波形、幅度和频率的变化。

2）观测回路电容对振荡电路工作的影响。按表 4-14 要求，观测回路电容电容值 C_1、C_2 和 C_3 对克拉泼振荡电路频率和输出电压幅度的影响，并与考毕兹电路相比较。

表 4-14　回路电容对克拉泼振荡电路输出频率和电压幅度的影响

回 路 电 容					f_0/kHz		U_{om}/V
C_1/pF	C_2/pF	C_3/pF	分压比 n $n = C_2/(C_1 + C_2)$ 计算值	回路总电容 C/pF 计算值	测量值	理论值	测量值
200	200	20					
		10					
200	100	10					
100	200						

4. 实训报告要求

（1）项目名称、训练时间、目的、内容及实训电路。

（2）整理测量记录和分析结果。

（3）分析总结

1）如何确定和调节振荡频率？

2）电容分压比对输出电压幅度的影响。

3）负反馈电阻电阻值 R_{E1} 对振荡电路工作的影响。

4）负载电阻值 R_L 对振荡电路工作的影响。

任务9 电路分析

1. 实训目标

以晶体管放大电路的分析为例，练习用 EWB 进行直流工作点和交流频率分析。

2. 实训电路

显示结点标志的共发射极放大电路实训电路如图 4-26 所示。

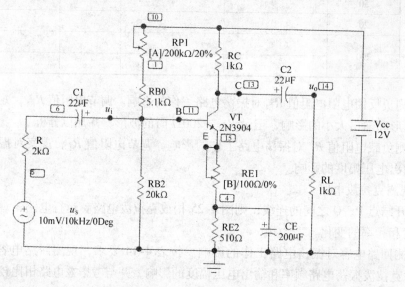

图 4-26 显示结点标志的共发射极放大电路实训电路

3. 内容与方法

（1）创建电路

1）启动 EWB。

2）创建并保存图 4-26 所示电路。

3）使电路显示结点标志。单击菜单"Circuit"中的"Schematic Options"，出现对话框，选定"Show Notes"。EWB 将自动分配结点编号，并将结点标志显示在电路图上。

（2）直流工作点分析　分析直流工作点时，仿真软件会自动将电路中的交流源置零、电容开路、电感短路。分析结果为所有结点的直流电压值（单位为 V）和电源支路的直流电流值（单位为 A），据此可求出其他直流工作量，如静态工作点参数等。

分析方法为：单击菜单"Analysis"中"DC Operating Point"，EWB 将执行直流仿真分析。分析结果将自动显示在"Analysis Graphs"窗口中。

（3）交流频率分析　交流频率分析即分析电路的频率特性，分析时仿真软件会自动将电路中的直流源置零、输入信号设置为正弦波。分析结果为在仿真者所设定的输入信号作用下所选结点电压的频率特性。

分析步骤如下：

1）在电路中确定输入信号的幅度和相位。（图 4-26 中已确定为 10mV、0Deg）

2）单击菜单"Analysis"中"AC frequency"，进入"AC frequency Analysis"对话框。

3）设置交流频率分析参数。参考表 4-15 可确定"Analysis"框中各选项。

4）选定分析结点。在"Nodes in circuit"框中选中欲分析的结点（14），然后单击"Add"。

5）执行仿真分析。单击"Simulate"，则幅频特性和相频特性波形出现在"Analysis Graphs"窗口。

表 4-15 交流频率分析参数设置对话框

交流频率分析参数	含义和设置要求
Start Frequency	扫描起始频率，默认设置为 1Hz
End Frequency	扫描终止频率，默认设置为 1GHz
Sweep Type	扫描形式：十进制/线性/倍频程，默认设置为十进制
Number of Points	显示点数，默认设置为 100
Vertical Scale	纵轴刻度：线性/对数/分贝，默认设置为对数
Nodes for Analysis	被分析的结点，为编号（ID）结点，而不是标识（Label）结点

（4）分析结果的保存与查看　完成分析后，可单击"Analysis Graphs"窗口工具栏的"存储"按钮，确定存储路径和文件名后，单击"确定"，从而保存分析结果。欲查看分析结果，可单击 EWB 主窗口工具栏的"分析图"按钮打开"Analysis Graphs"窗口，单击"Analysis Graphs"窗口工具栏的"打开文件"按钮，根据路径和文件名找到相应文件将其打开。

（5）分析比较　将晶体管换成理想模型，再进行上述分析，比较分析结果。

（6）电容的影响　分别改变电容值 C_1、C_2 和 C_E，分析比较相应的频率特性。

4. 实训报告要求

（1）项目名称、训练时间、目的、内容及所分析的电路。

（2）整理说明直流分析结果，并根据直流分析结果计算晶体管静态工作点（I_{BQ}、I_{CQ}、U_{CEQ}）。

（3）画出分析所得的图 4-26 所示电路的幅频特性波形，并据此求出中频增益和上、下限频率。

（4）总结：

① 晶体管选用理想模型时的分析结果与选用实际模型时相比有何主要差别？

② 电容值 C_1、C_2 和 C_E 对幅频特性有何主要影响？

附录 技能抽查——电子产品开发试题

注意事项

（1）考核时间为 120 min。

（2）请仔细阅读各种题目的回答要求，在规定的位置填写您的答案。

（3）考生在指定的考核场地内进行独立制作与调试，不得以任何方式与他人交流。

（4）考核结束时，提交实物作品与设计报告，并进行实物演示、功能验证。

试题1 串联稳压电源的设计与制作

一、任 务

在图 A-1 给定下列部分电路的基础上，在图中方框处设计电路，构成串联稳压电源给某一负载供电。

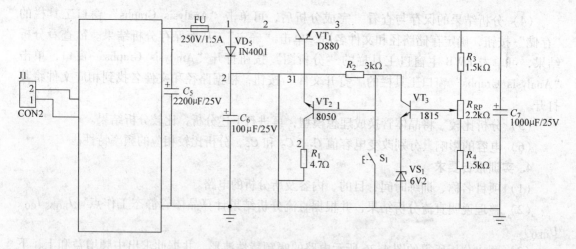

图 A-1

二、要 求

1. 设计电路符合如下功能指标要求，并编写设计报告。

① 输入电源：AC（单相），220V ±10%，50Hz ±5%。

② 输出电压：DC 9 ~ 15V，连续可调。

③ 输出电流：DC 0 ~ 800mA。

④ 负载效应：≤5%。

⑤ 输出纹波噪声电压：≤10mV（有效值）。

2. 按设计电路和工艺要求制作、调试样机。

3. 操作规范，体现职业素养。

三、说　　明

1. 设计器件将提供实时备选器件。
2. 设计报告基本要素齐全。
3. 按设计电路领取元件，按工艺要求安装、调试电路。
4. 在必要情况下，为达到功能指标可以改变原有电路的元件参数。
5. 提供 EWB/multisim 等通用仿真软件，提供常用办公软件，器件手册，器件清单。
6. 符合 6S 操作规程。

四、设计报告

设 计 报 告

1. 功能分析 （包括设计原理）	2.
3. 原理框图	4.
5. 完整电路图	6.
7. 设计结果	8.

试题 2　串联稳压电源的设计与制作

一、任　　务

在图 A-2 给定下列部分电路的基础上，补充设计方框部分电路，并调试制作串联稳压电源给某一负载供电。

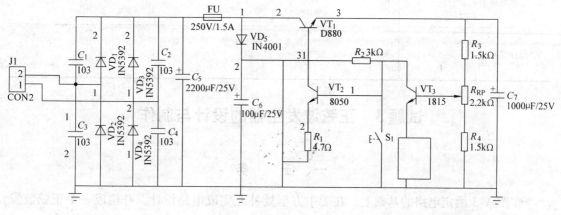

图　A-2

二、要 求

1. 设计电路符合如下功能指标要求，并编写设计报告。

① 输入电源：AC（单相），220V±10%，50Hz±5%。

② 输出电压：DC 9～15V，连续可调。

③ 输出电流：DC 0～800mA。

④ 负载效应：≤5%。

⑤ 输出纹波噪声电压：≤10mV（有效值）。

2. 按设计电路和工艺要求制作、调试样机。

3. 操作规范，体现职业素养。

三、说 明

1. 设计器件将提供实时备选器件。

2. 设计报告基本要素齐全。

3. 按设计电路领取元件，按工艺要求安装、调试电路。

4. 在必要情况下，为达到功能指标可以改变原有电路的元件参数。

5. 提供 EWB/multisim 等通用仿真软件，提供常用办公软件，器件手册，器件清单。

6. 符合 6S 操作规程。

四、设计报告

设 计 报 告

1. 功能分析 （包括设计原理）	2.
3. 原理框图	4.
5. 完整电路图	6.
7. 设计结果	8.

试题 3　正弦波发生器的设计与制作

一、任 务

在图 A-3 给定电路的基础上，在图中方框处补充完成电路设计，并构成一个正弦波发生器。

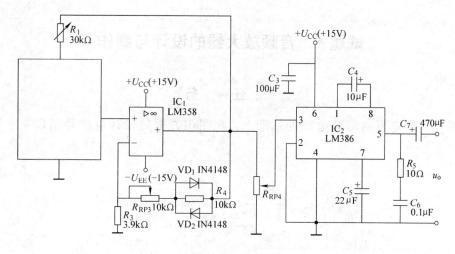

图　A-3

二、要　　求

1. 设计电路符合如下功能指标要求，并编写设计报告。

① 输入电源：直流正负电源，±15V。

② 输出信号：正弦波，1kHz±10%，幅值连续可调。

2. 按设计电路和工艺要求制作、调试样机。

3. 操作规范，体现职业素养。

三、说　　明

1. 设计器件将提供实时备选器件。

2. 设计报告基本要素齐全。

3. 按设计电路领取元件，按工艺要求安装、调试电路。

4. 在必要情况下，为达到功能指标可以改变原有电路的元件参数。

5. 提供 EWB/multisim 等通用仿真软件，提供常用办公软件，器件手册，器件清单。

6. 符合 6S 操作规程。

四、设计报告

设 计 报 告

1. 功能分析 （包括设计原理）	2.
3. 原理框图	4.
5. 完整电路图	6.
7. 设计结果	8.

试题 4　音频放大器的设计与制作

一、任　　务

在图 A-4 给定下列部分电路的基础上，在图中方框处设计电路并制作一个简易测频仪。

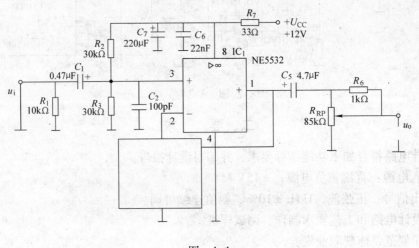

图　A-4

二、要　　求

1. 设计电路符合如下功能指标要求，并编写设计报告。

① 输入电源：U_{CC} 直流 + 12V。

② 电压放大倍数：$A_u \geqslant 20$。

③ 输入电阻：$R_i \geqslant 5k\Omega$。

④ 输出电阻：$R_o \leqslant 1\Omega$。

⑤ 最大输出幅值：$U_{om} = 4V$。

⑥ 频率特性：$f_L \leqslant 50Hz$，$f_H \geqslant 20kHz$。

2. 按设计电路和工艺要求制作、调试样机。

3. 操作规范，体现职业素养。

三、说　　明

1. 设计器件将提供实时备选器件。

2. 设计报告基本要素齐全。

3. 按设计电路领取元件，按工艺要求安装、调试电路。

4. 在必要情况下，为达到功能指标可以改变原有电路的元件参数。

5. 提供 EWB/multisim 等通用仿真软件，提供常用办公软件，器件手册（NE5532 \

CC4011 \ 74LS00 \ CD40110 \ ELS −505HWB），器件清单。

    6. 符合 6S 操作规程。

四、设计报告

设 计 报 告

1. 功能分析 （包括设计原理）	2.
3. 原理框图	4.
5. 完整电路图	6.
7. 设计结果	8.

试题 5 三角波发生器的设计与制作

一、任　务

    在图 A-5 给定下列部分电路的基础上，在图中方框处设计电路并制作一个三角波发生器。

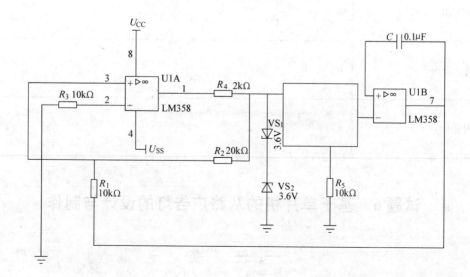

图　A-5

二、要　　求

1. 设计电路符合如下功能指标要求，并编写设计报告。

① 输入电源：直流 ±12V。

② 频率 f_0：1kHz ±10%。

③ 峰峰值 U_{P-P}：4V ±10%。

2. 按设计电路和工艺要求制作、调试样机。

3. 操作规范，体现职业素养。

三、说　　明

1. 设计器件将提供实时备选器件。

2. 设计报告基本要素齐全。

3. 按设计电路领取元件，按工艺要求安装、调试电路。

4. 在必要情况下，为达到功能指标可以改变原有电路的元件参数。

5. 提供 EWB/multisim 等通用仿真软件，提供常用办公软件，器件手册（LM358 \ CC4002 \ 74LS00 \ CD40110 \ ELS－505HWB），器件清单。

6. 符合 6S 操作规程。

四、设计报告

设 计 报 告

1. 功能分析 （包括设计原理）	2.
3. 原理框图	4.
5. 完整电路图	6.
7. 设计结果	8.

试题 6　基于单片机的八路广告灯的设计与制作

一、任　　务

在图 A-6 给定下列部分电路的基础上，设计方框内电路并制作一个基于单片机的八路广告灯。

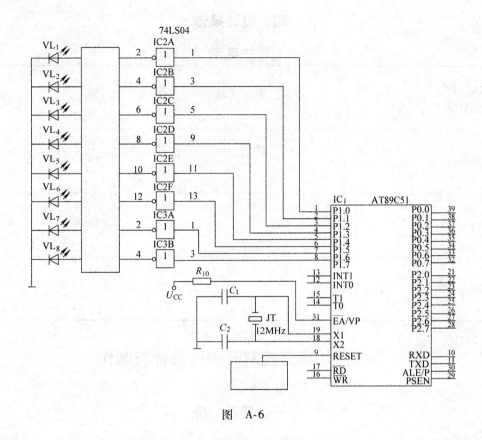

图 A-6

二、要　　求

1. 设计电路符合如下功能指标要求，并编写设计报告。

① 输入电源：DC +5V。

② 在电路正常工作后能使广告灯按所设计的程序运行。

③ 广告灯亮度最大、但又系统安全稳定。

④ 系统上电和手动两种复位。

2. 按设计电路和工艺要求制作、调试样机。

3. 操作规范，体现职业素养。

三、说　　明

1. 设计器件将提供实时备选器件。

2. 设计报告基本要素齐全。

3. 按设计电路领取元件，按工艺要求安装、调试电路。

4. 在必要情况下，为达到功能指标可以改变原有电路的元件参数。

5. 提供 EWB/multisim 等通用仿真软件，提供常用办公软件，器件手册，器件清单。

6. 符合 6S 操作规程。

7. 提供测试机器码，CPU 已下载测试程序。

四、设计报告

设 计 报 告

1. 功能分析 （包括设计原理）	2.
3. 原理框图	4.
5. 完整电路图	6.
7. 设计结果	8.

试题7 声光控制开关的设计与制作

一、任 务

在图 A-7 给定电路的基础上，在图中方框处补充完成电路设计，并构成一个声光控制开关。

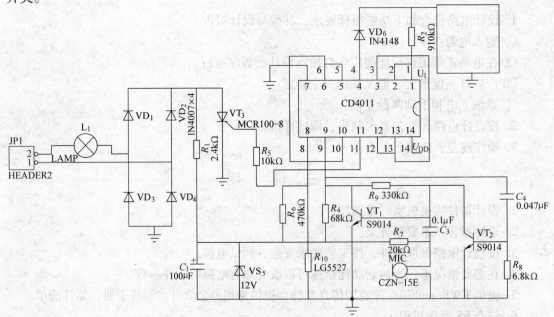

图 A-7

二、要 求

1. 设计电路符合如下功能指标要求，并编写设计报告。

① 输入电源：交流电源，220V/50Hz。

② 在周围光线很弱，且声音较大时，灯泡 L1 发光。

③ 灯泡 L1 每次亮的时间不少于 30s，不超过 60s。

2. 按设计电路和工艺要求制作、调试样机。

3. 操作规范，体现职业素养。

三、说 明

1. 设计器件将提供实时备选器件。

2. 设计报告基本要素齐全。

3. 按设计电路领取元件，按工艺要求安装、调试电路。

4. 在必要情况下，为达到功能指标可以改变原有电路的元件参数。

5. 提供 EWB/multisim 等通用仿真软件，提供常用办公软件，器件手册，器件清单。

6. 符合 6S 操作规程。

四、设计报告

设 计 报 告

1. 功能分析 （包括设计原理）	2.
3. 原理框图	4.
5. 完整电路图	6.
7. 设计结果	8.

试题 8　简易广告彩灯电路的设计与制作

一、任 务

在图 A-8 给定下列部分电路的基础上，在图中方框处补充完成电路设计，并制作一个简易广告彩灯电路。

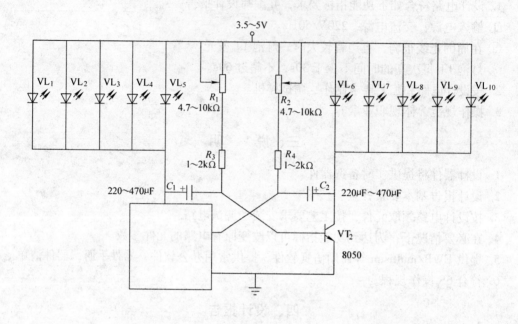

图 A-8

二、要 求

1. 设计电路符合如下功能指标要求，并编写设计报告。

① 输入电源：U_{CC} 直流 +5V。

② 产品上电，振荡电路工作，$VD_1 \sim VD_5$ 与 $VD_6 \sim VD_{10}$ 轮流发光，调节电位器可以调节 LED 闪烁频率。

2. 按设计电路和工艺要求制作、调试样机。

3. 操作规范，体现职业素养。

三、说 明

1. 设计器件将提供实时备选器件。

2. 设计报告基本要素齐全。

3. 按设计电路领取元件，按工艺要求安装、调试电路。

4. 在必要情况下，为达到功能指标可以改变原有电路的元件参数。

5. 提供 EWB/multisim 等通用仿真软件，提供常用办公软件，器件手册（74LS373 \ NE555 \ CD4012 \ CD4511 \ ULS－5101AS），器件清单。

6. 符合 6S 操作规程。

四、设计报告

<table>
<tr><td colspan="2" align="center">设 计 报 告</td></tr>
<tr><td>1. 功能分析
（包括设计原理）</td><td>2.</td></tr>
<tr><td>3. 原理框图</td><td>4.</td></tr>
<tr><td>5. 完整电路图</td><td>6.</td></tr>
<tr><td>7. 设计结果</td><td>8.</td></tr>
</table>

试题 9　声光停电报警器的设计与制作

一、任　　务

在图 A-9 给定下列部分电路的基础上，在图中方框处补充完成电路设计，并制作一个声光停电报警器。

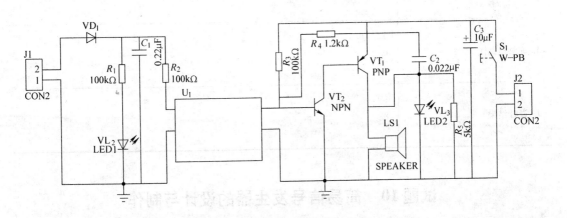

图　A-9

二、要　　求

1. 设计电路符合如下功能指标要求，并编写设计报告。

① 输入电源：U_{CC}直流 + 3V。

② 如图所示，开关 S_1 合上，电路开始工作，当 220V 交流电源正常时，电路指示正常 LED1 亮，当 220V 交流电断开时，停电报警电路开始工作，LED2 闪烁，喇叭发生。

③ 添加空白部分电路，并正确接线，完成②中功能。

2. 按设计电路和工艺要求制作、调试样机。

3. 操作规范，体现职业素养。

三、说　　明

1. 设计器件将提供实时备选器件。

2. 设计报告基本要素齐全。

3. 按设计电路领取元件，按工艺要求安装、调试电路。

4. 在必要情况下，为达到功能指标可以改变原有电路的元件参数。

5. 提供 EWB/multisim 等通用仿真软件，提供常用办公软件，器件手册（4N25 \ u741 \ MCT6），器件清单。

6. 符合 6S 操作规程。

四、设计报告

设 计 报 告

1. 功能分析 （包括设计原理）	2.
3. 原理框图	4.
5. 完整电路图	6.
7. 设计结果	8.

试题 10　简易信号发生器的设计与制作

一、任　　务

在图 A-10 给定下列部分电路的基础上，在图中方框处补充完成电路设计，并制作一个信号发生器电路。

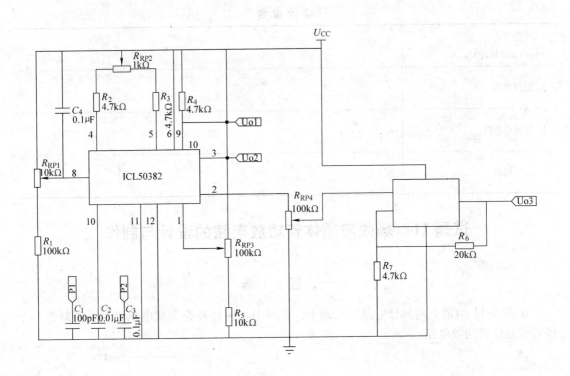

图　A-10

二、要　　求

1. 设计电路符合如下功能指标要求，并编写设计报告。

① 输入电源：U_{CC} 直流 +5V。

② 产品上电，分别输出三种不同波形，2 脚输出正弦波，调节电阻值 R_{RP4}，正弦波幅度连续可调。

2. 按设计电路和工艺要求制作、调试样机。

3. 操作规范，体现职业素养。

三、说　　明

1. 设计器件将提供实时备选器件。

2. 设计报告基本要素齐全。

3. 按设计电路领取元件，按工艺要求安装、调试电路。

4. 在必要情况下，为达到功能指标可以改变原有电路的元件参数。

5. 提供 EWB/multisim 等通用仿真软件，提供常用办公软件，器件手册（u741 \ NE5532 \ lm324 \ IC80382），器件清单。

6. 符合 6S 操作规程。

四、设计报告

设 计 报 告

1. 功能分析 （包括设计原理）	2.
3. 原理框图	4.
5. 完整电路图	6.
7. 设计结果	8.

试题11 场效应晶体管功放电路的设计与制作

一、任　务

在图 A-11 给定下列部分电路的基础上，在图中方框处补充完成电路设计，并制作一个场效应晶体管功放电路。

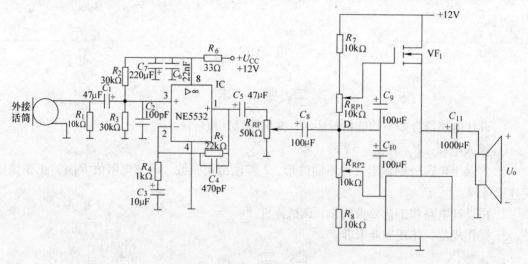

图　A-11

二、要　求

1. 设计电路符合如下功能指标要求，并编写设计报告。

① 输入电源：U_{CC} 直流 + 12V。

② 添加空白部分电路，并正确接线，使之成为甲乙类功放。

2. 按设计电路和工艺要求制作、调试样机。

3. 操作规范，体现职业素养。

三、说　明

1. 设计器件将提供实时备选器件。

2. 设计报告基本要素齐全。

3. 按设计电路领取元件，按工艺要求安装、调试电路。

4. 在必要情况下，为达到功能指标可以改变原有电路的元件参数。

5. 提供 EWB/multisim 等通用仿真软件，提供常用办公软件，器件手册（u741 \ NE5532 \ lm324 \ IC80382），器件清单。

6. 符合 6S 操作规程。

四、设计报告

设 计 报 告

1. 功能分析 （包括设计原理）	2.
3. 原理框图	4.
5. 完整电路图	6.
7. 设计结果	8.

参 考 文 献

[1] 邱丽芳. 模拟电子技术 [M]. 北京：科学出版社，2008.

[2] 王成安. 模拟电子技术及应用 [M]. 北京：机械工业出版社，2009.

[3] 章彬宏，吴青萍. 模拟电子技术 [M]. 北京：北京理工大学出版社，2008.

[4] 李秀玲. 电子技术基础项目教程 [M]. 北京：机械工业出版社，2008.

[5] 蒋然，熊华波. 模拟电子技术 [M]. 北京：北京大学出版社，2010.

[6] 童诗白，华成英. 模拟电子技术基础 [M]. 北京：高等教育出版社，2009.

[7] 胡宴如. 模拟电子技术 [M]. 北京：高等教育出版社，2004.

[8] 陈仲林. 模拟电子技术基础 [M]. 北京：人民邮电出版社，2006.

[9] 康华光. 电子技术基础（模拟部分）[M]. 北京：高等教育出版社，1999.

[10] 周良权. 模拟电子技术基础 [M]. 北京：高等教育出版社，1993.

[11] 张凤言. 电子电路基础 [M]. 北京：高等教育出版社，1995.

[12] 电子工程手册编委会集成电路手册分编委会. 标准集成电路数据手册运算放大器 [M]. 北京：电子工业出版社，1999.

[13] 谢沅清，解月珍. 电子电路基础 [M]. 北京：人民邮电出版社，1999.

[14] 李雅轩. 模拟电子技术 [M]. 西安：西安电子科技大学出版社，2000.

[15] 周雪. 模拟电子技术 [M]. 西安：西安电子科技大学出版社，2002.

[16] 刘京南，王成华. 电子电路基础 [M]. 北京：电子工业出版社，2003.

[17] 江晓安. 模拟电子技术 [M]. 西安：西安电子科技大学出版社，2004.

[18] 高吉祥. 模拟电子技术 [M]. 北京：电子工业出版社，2004.